彩图13　甜　山

彩图14　荸荠种

彩图15　早　佳

彩图16　黑　晶

彩图17　大　分

彩图18　宫　川

彩图19　山下红

彩图20　天　草

彩图1　白　玉

彩图2　冠　玉

彩图3　丰　玉

彩图4　冬　玉

彩图5　青　种

彩图6　大果青种

彩图7　金　玉

彩图8　宁海白

彩图9　软条白沙

彩图10　紫　晶

彩图11　大叶细蒂

彩图12　小叶细蒂

彩图21　不知火

彩图23　早　红

彩图22　清　见

彩图24　料　红

彩图25　青　橘

彩图26　晖雨露

彩图27　霞晖1号

彩图28　雨花露

彩图29　白　凤

彩图30　湖景蜜露

彩图31　阳山蜜露

彩图32　白　花

彩图33　迟园蜜

彩图34 宁 玉

彩图35 益 香

彩图36 硕 香

彩图37 硕 丰

彩图38 紫金四季

彩图39　宁　丰

彩图40　紫金久红

彩图41　越　心

彩图43　甜查理

彩图42　红　颜

彩图44　章　姬

彩图45　佐贺清香

彩图46　幸　香

彩图47　阳光玫瑰

彩图48　金手指

彩图49　红　乳

彩图50　醉金香

彩图51　黑美人

彩图52　早夏香

彩图53　晨　香

彩图54　蜜　光

彩图55　夏　黑

彩图56　巨玫瑰

彩图57　巨　峰

彩图58　藤　稔

彩图59　京　亚

彩图60　红富士

彩图61　红　提

江苏省新型职业农民培训教材

江苏特色果树高效栽培技术

JIANGSU TESE GUOSHU GAOXIAO ZAIPEI JISHU

王化坤　主编

中国农业出版社
北　京

内容简介

江苏特色果树主要指在江苏具有一定栽培面积、效益较高、影响较大、自己选育具有特色的应时鲜果品种。本教材系统地介绍了江苏省有比较优势的枇杷、杨梅、柑橘、水蜜桃、草莓、葡萄6个树种。每个树种分别从建园与栽植、优良品种推荐、生产管理技术等方面进行介绍。教材内容丰富，特色明显，语言通俗易懂，图文并茂，理论性和实用性强。

本教材为江苏省新型职业农民培训系列教材之一，可作为培养果树技术技能型人才和新型职业农民的指导用书，也可作为涉农技术培训和果树生产从业人员的技术工具书。

编写人员

主　编　王化坤

副主编　王媛花　吴　红

编　者　（以姓氏笔画为序）

王化坤　王媛花　曲良谱

吴　红　郄红丽　储春荣

写在前面的话

乡村振兴，关键在人。中共中央、国务院高度重视新型职业农民培育工作。习近平总书记指出，要就地培养更多爱农业、懂技术、善经营的新型职业农民。2018 年中央 1 号文件指出，要全面建立职业农民制度，实施新型职业农民培育工程，加快建设知识型、技能型、创新型农业经营者队伍。

近年来，江苏省把新型职业农民培育工作作为一项基础工作、实事工程和民生工程摆到重要位置，予以强力推进。2015 年，江苏省被农业部确定为新型职业农民整体推进示范省。培育新型职业农民必须做好顶层设计和发挥规划设计的统筹作用，而教材建设是实现新型职业农民培育目标的基础和保障。我们多次研究“十三五”期间江苏省农民教育培训教材建设工作，提出以提高农民教育培训质量为目标、以优化教材结构为重点、以精品教材建设为抓手的建设思路。根据培训工作需求，江苏省农业委员会科技教育处、江苏省职业农民培育指导站组织江苏省 3 所涉农高职院校编写了本系列培训教材。

本系列教材紧紧围绕江苏省现代农业产业发展重点，特别是农业结构调整，紧扣新型职业农民培育，规划建设了 28 个分册，重点突出江苏省地方特色，针对性强；内容先进、准确，紧跟先进农业技术的发展步伐；注重实用性、适应性和可操作性，符合现代新型职业农民培育需求；教材图文并茂，直观易懂，适应农民阅读习惯。我们相信，本系列培训教材的出版发行，能为新型职业农民培养及现代农业技术的推广与应用积累一些可供借鉴的经验。

编委会
2018 年 1 月

编写说明

《江苏特色果树高效栽培技术》是江苏省农业广播电视学校为配合江苏省农民培训工作，为提高农民科技文化素质、生产经营能力、就业创业能力和基层农技推广人员的为农服务能力，培养造就一大批有文化、懂技术、会经营的新型农民和农村实用人才而组织编写的系列教材之一。本教材主要供江苏省高职、中职学校果树园艺生产、现代农艺、设施农业等种植类专业培养新型职业农民和果树生产技术技能型人才使用，也可作为涉农技术培训教材和果树生产从业人员的技术工具书。

枇杷、杨梅、柑橘为江苏省三大特色常绿果树，除经济效益较高外，还可以作为观光园采摘树种、绿化树种等，应用前景广阔。葡萄、草莓和桃是江苏省三大落叶果树，2016 年位列江苏省各类果树总产值的前 3 位。本教材重点介绍枇杷、杨梅、柑橘、水蜜桃、草莓、葡萄 6 个树种。

本教材根据各树种生长特点以及对土壤环境的要求，重点介绍其在江苏省适用的栽培技术。本教材重技能轻系统、重实用性和可操作性，内容通俗易懂、图文并茂，使广大技术人员和果农易学易会，是一本具有实用意义的果树栽培技术工具书。

本教材由苏州农业职业技术学院王化坤负责统稿，江苏农林科技职业学院王媛花、江苏农牧科技职业学院吴红任副主编，具体编写分工如下：枇杷由王化坤编写、杨梅由苏州农业职业技术学院郄红丽编写、柑橘由苏州农业职业技术学院储春荣编写、水蜜桃由江苏农牧科技职业学院曲良谱编写、草莓由王媛花编写、葡萄由吴红编写。感谢江苏省农业科学院园艺所俞明亮、马瑞娟、赵蜜珍，江苏省农业技术推广总站陆爱华，南京农业大学陶建敏，张家港市神园葡萄科技有限公司徐卫东等专家教授在编写过程中提供的资料、图片及意见建议。本教材编写中曾参考许多单位和个人的有关文献资料，在此一并致谢。

由于编者水平有限，教材中难免存在问题和不足，恳请各校师生在使用过程中提出批评意见，以便进一步修改和完善。

编　者

2018年3月

目　录

第一讲 枇杷高效栽培技术

一、建园与栽植

（一）环境条件要求

1. 温度 枇杷喜温暖，在年平均气温12～15℃、冬季最低气温不低于－5℃的地方均能正常结果。成年树及其花、幼果分别可抵抗－18℃、－6℃、－3℃的低温。

2. 降水 枇杷喜湿润气候，年降水量要求在1 000毫米以上。但枇杷根系分布浅，不耐涝，应做好排涝工作。

3. 光照 枇杷喜光但不耐晒，夏季气温高达35℃以上时，直射光易使果实和枝干灼伤。

4. 土壤 枇杷适应性广，适宜在耕层深厚的壤土或轻壤土中生长。但枇杷忌连作，种过枇杷、桃、苹果的果园应进行土壤处理或错行（穴）种植。

（二）建园技术

1. 果园选址 江苏省是枇杷经济栽培的北缘地区，为降低冻害风险，露天枇杷园宜选择东南向的阳坡、临湖、沿江等小气候条件较好的地区建园（图1-1），而平地、低洼地、山坞地等冷空气容易沉积，冻害较重的地区不宜大面积发展。

图1-1　苏州市光福镇太湖边枇杷园

枇杷园以土层在1米以上，疏松肥沃的沙质壤土或砾质土壤为宜，且要求四周无污染的工业源，交通方便。山地应选土层深厚、土质疏松、坡度在30°以下的坡地建园（图1-2）。平地应选择地势高、地下水位低、排水良好的地方建园。

图1-2 东山山地枇杷园

有条件的地方推荐进行设施栽培，设施枇杷园应选择地势平坦、土质肥沃、交通便利、地下水位低的地方建园（图1-3、图1-4）。徐州、连云港可推广日光温室（图1-5），苏中、苏南地区可进行连栋大棚栽培，采取双膜覆盖，适当可采取加温或保温措施。

图1-3 张家港大棚枇杷

2. 建设标准 50亩* 以上的大型枇杷园，应有科学的果园规划，合理划分

* 亩为非法定计量单位，1亩≈667米^2。——编者注

图 1-4　无锡设施枇杷

图 1-5　徐州日光温室枇杷

种植小区，并配套道路、沟渠、水电、防护系统等。生产区占果园总面积的80%～85%，道路排灌系统占6%～7%，防护系统占5%～10%，生产用房等附属设施占5%～8%。

小区的划分应保持区内土壤、地势等条件基本一致，以有利水土保持、防风、运输和管理。

（1）道路规划。道路一般分为三级：主路（大路）宽约6米，辐路（干路）宽约4米，小路（支路）宽约2米。果园面积小于50亩的一般不设主路。

（2）排灌系统。沟渠应能满足旱能灌、涝能排的基本要求，设计上要求三沟配套，行间沟宽50～80厘米，支沟宽80～100厘米，主沟宽120～150厘米。主沟与果园外的沟渠相通，确保排水通畅（图 1－6）。排水沟多建于道路两侧。坡度较大的山地果园，应依山势修建梯田或鱼鳞坑种植，于梯田内侧开宽 30 厘米左右排水沟。灌水可用沟灌、喷灌、滴灌等多种形式。

图 1－6　枇杷园排水

3. 防护系统建设　坡度大于 15°的果园为避免暴雨冲刷，应在果园上部 10 米处，开挖宽 1 米以上、深 50 厘米以上的防洪沟，把山水引入排水沟。

枇杷根系浅，不抗风，果实又不耐冻，果园要设置防风林带。

为阻断上部来的冷空气，应在坡地上靠山峰一侧设置紧密防风林带（主林带），由几层大乔木、中等乔木和灌木树种所组成。为防止从下向上吹的冷风，应设置坡下的疏透防风林带，即由一层高大乔木和一层灌木或仅一层高大乔木组成。常用树种有杉树、柳杉、池杉以及泡桐、樟树、刺槐、油茶和马甲子等。

平地果园主林带应建立高矮乔灌相结合的防护林带，并适当密植。主林带应与当地有害风或常年大风的风向垂直，副林带常与主林带相垂直。

（三）栽植技术

1. 株行距　江苏省枇杷园推荐购买 2 年生以上大规格嫁接苗，苗高于 1 米，有分枝，要求品种纯正，无检疫性病虫害及其他重大病虫害，根系完好，嫁接口愈合良好。露地种植一般采取株行距（3～4）米×（4～5）米，为方便管理，推荐采用（3～3.5）米×6 米的宽行密植方式定植。设施栽培内应矮化密植，株行距为 3 米×（3～4）米。

2. 种植时间　江苏宜于春季 2～3 月或秋季 9～10 月种植，采用营养钵容器苗的周年可种植。

3. 定植技术　枇杷种植宜挖 1 米（长）×1 米（宽）×0.8 米（深）的大穴或定植沟，黏土地建议开定植沟，以避免大穴内涝。表土和底土分开放置

（图 1-7）。底部先放 10～15 厘米秸秆、杂草、绿肥或枯枝落叶，撒上石灰。每株施腐熟有机肥 40～50 千克，加 1～2 千克钙、镁、磷肥作为底肥，底肥表土充分混合后回填或分层回填，再回填底土。回填土高出地面 20 厘米左右时，在中央放入树苗，覆细土，浇透定根水，再回土覆盖、用脚踏实，最终土墩高出地面 30 厘米左右，以确保土壤沉降后，根颈处于地面以上（图 1-8）。最后在树盘覆盖稻草或秸秆保温，有大风的地方，要立木支撑。

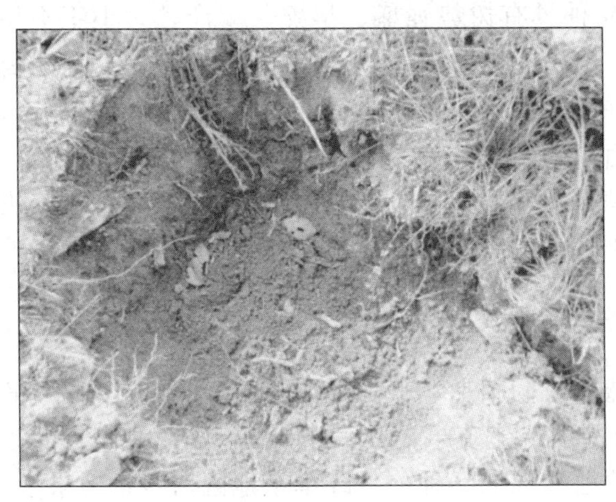

图 1-7　定植穴

图 1-8　定　植

推荐进行全园土壤改良，每亩施腐熟有机肥 2～3 吨，均匀撒于园中，用小型挖土机全园深翻，深度 80 厘米左右。放样后开沟，定植时直接堆土定植即可。

二、优良品种推荐

（一）江苏省品种

1. 白玉　白玉由江苏省太湖常绿果树技术推广中心杨家骃、章鹤寿选育，1992 年通过江苏省农作物品种审定委员会认定（彩图 1）。

本品种有以下特点：

（1）树冠高、较直立。树冠高，圆头形，主枝较直立。叶长而大，斜生而略下垂，披针形或长圆形。花穗三角形，着生紧密。初花期 10 月底至 11 月上旬，盛花期 11 月中下旬，终花期 1 月上旬。

（2）成熟期早、效益高。果实成熟期江苏地区一般在 5 月 10～20 日。白玉为江苏产区成熟最早、栽培面积最大的白沙品种。因供应市场早，价格相对比较高，第一周成熟的白玉枇杷比后上市的枇杷单价一般高两成以上。

（3）认可度高、品质优。白玉枇杷市场认可度高，曾被认为是全国最好吃的枇杷，目前已在国内大部分枇杷产区栽培，特别是在华东地区。本品种果实圆形或高扁圆形，单果重33.3～35.7克。肉质细腻易溶，汁多，风味清甜，品质佳，可溶性固形物含量12%～14.6%，可食率70%左右，果皮薄韧易剥离。种子少，每果种子2～3粒。

（4）树势强旺、风味佳。本品种具有树势强盛、早熟、丰产，大小年不显著，果实形状整齐美观，风味佳，抗旱性强等特点，但不耐贮运。过熟后风味变淡，应适时采收。目前该品种已在华东地区进行了大面积推广，面积约3万亩，是苏州市东山镇主栽品种，占总面积的90%左右。

2. 冠玉　冠玉由江苏省太湖常绿果树技术推广中心章鹤寿在1983年从苏州市吴中区东山镇繁荣村实生白沙枇杷中选育，于1995年通过江苏省农作物品种审定委员会的审定（彩图2）。

本品种有以下特点：

（1）果实香气较浓。果实圆球形或椭圆形，平均单果重43.4～61.5克，最大的在70克以上。经精细栽培和严格疏花疏果，其大于等于50克的果实可达40%以上，为目前江苏果实最大的白沙枇杷品种，一改华东地区白沙枇杷果小、可食率低的传统印象。同时，本品种果实味甜较浓，有香气，果肉厚达1厘米，白色或乳白色，肉质细腻易溶，汁多，果皮中等厚，强韧易剥离。平均可溶性固形物13.4%，可食率66.2%～71.2%。

（2）成熟晚、较耐贮。6月上旬成熟，是目前江苏产区最晚成熟的白沙枇杷品种。也因其成熟晚，果实大，在枇杷供应末期价格有所上升，特别是有些新型经营主体，挑选出50克的大果，包装成高档礼品，价格可达10元/果以上。本品种耐贮性好，在常温下可贮藏2周以上。

（3）开花期晚、抗冻性强。本品种春梢叶片椭圆形或长圆形，叶脉间叶肉凸出较明显，先端急尖或钝圆。夏梢叶面平展，边缘稍反卷。初花期为11月上中旬，盛花期11月下旬至12月下旬，末花期为1月中旬，比白玉晚2周左右。由于花期晚，在1～2月最冷时果实较小，抗冻性强，果实受冻害轻，是江苏省特别是偏北地区重点推广的大果抗冻优良品种。

本品种对肥水要求较高，肉质略逊于白玉。

3. 丰玉　丰玉由江苏省太湖常绿果树技术推广中心戚子洪在1995年从苏州市吴中区东山镇槎湾村（现属于双湾村）实生白沙枇杷中选育，于2010年通过江苏省农作物品种审定委员会的审定（彩图3）。

本品种有以下特点：

（1）丰产稳产、抗逆性强。本品种抗逆性强，适应性广。在不同的立地条件下，表现为丰产、优质、早结果，故名丰玉。果实耐贮性好，在常温下贮藏3周，好果率仍在90%以上，并保持鲜果风味。

（2）果大味甜、品质优。果实扁圆，较大，平均质量在40克以上，介于白玉和冠玉之间。果皮薄，易剥离，可食率68.7%～72.1%。果肉质地细腻、风味浓、甜酸可口，可溶性固形物14.8%～15.3%，成熟采摘贮藏3天以后，糖度更高。成熟期为5月下旬至6月初。但本品种不套袋时果面斑点较多，核多，平均每果4粒左右。

4. 冬玉 冬玉由江苏省太湖常绿果树技术推广中心2000年在苏州市东山镇槎湾村实生树中选育，于2015年通过江苏省农作物品种审定委员会的审定（彩图4）。

本品种有以下特点：

（1）果大风味浓。果实大，平均单果重41.3克，皮薄易剥，果肉黄白色，细嫩多汁，可食率67.1%，可溶性固形物13.3%，70%左右的种子种皮开裂。本品种在风味上甜中带酸，比较爽口。

（2）丰产又抗冻。果实成熟期为5月底，抗旱、抗寒等能力强。与同地块白玉、冠玉相比，成熟期介于两者之间，果实比白玉大，与冠玉相近。产量比白玉多30%以上。

本品种须完熟采摘，早采则酸味较浓。

5. 青种 青种原产于苏州市吴中区金庭镇，现为金庭镇主栽品种，种植面积占当地枇杷种植总面积80%以上（彩图5）。

本品种具有以下特点：

（1）果实中等、有青斑。果实成熟期5月下旬至6月初。果实圆球形，中等，平均单果重33.2克，大者可达42.8克。果面淡橙黄色，斑点明显集中于向阳面，成熟时果蒂部仍带青色，故得名。肉质细腻易溶，多汁，风味浓，甜酸适口，品质优，剥皮不完整。

（2）树势、抗冻性强。本品种树势强，较丰产，耐贮运，抗冻性强，适于江苏地区栽培。但本品种易感染叶斑病，需加强防治。

6. 大果青种 大果青种由苏州市吴中区西山秉常盛茗茶果股份合作社与南京农业大学2005年从70年生的青种枇杷实生园中选育，于2014年通过江苏省农作物品种审定委员会的审定（彩图6）。

本品种具有以下特点：

（1）果实大、品质优。果实成熟期5月下旬。果实圆形，平均单果重45.2

克，比传统青种重10克左右。果面条斑明显，有中度锈斑，剥皮容易。果肉为淡黄色，汁多，甜多酸少，风味浓，品质优。

（2）树势强、耐贮运。本品种属于中晚熟品种，丰产性好，树势强，较耐贮存，抗冻性较强。

7. 金玉 金玉由苏州太湖胥王山农家山庄有限公司和江苏省太湖常绿果树技术推广中心于2007年在苏州市金庭镇东蔡村消夏湾青种实生枇杷中选育，于2015年通过江苏省农作物品种审定委员会的审定（彩图7）。

本品种具有以下特点：

（1）树势强、风味甜。本品种长势较强，果实成熟期5月底。果近圆形，平均单果重41.5克。果皮颜色橙黄，果皮锈斑少，易剥皮。果肉柔软多汁，风味甜，可食率63.1%，可溶性固形物14%～16%。在单果重、果实纵横径、剥皮容易程度等方面比母本青种较好。

（2）果大、抗性强。本品种果大、质优，抗寒、抗病等性能佳，可在江苏产区推广。

除上述品种外，江苏省还有很多优良单株，但栽培面积少，很多资源已经流失。

（二）省外品种

1. 宁海白 宁海白是浙江省宁海县农林局1994年从实生白肉枇杷中选出的大果优质中熟白肉枇杷新品种，于2004年2月通过浙江省林木品种审定委员会审定（彩图8）。目前在苏州市东山、西山、太仓、无锡等地有少量引种。

该品种树势中庸偏强，树形开张。果实长圆或圆形，单果质量40～65克，最大可达86克。果皮淡黄白色，锈斑少，皮薄，剥皮易，富有香气，果肉乳白色，肉质细腻，多汁，可溶性固形物含量13%～16%，最高可达19.2%，风味浓郁，可食率73.4%。果实丰产性好，栽后第三年挂果，4年生树株产可达11.2千克，成年树株产可达15千克以上，抗冻性强于软条白沙等品种。浙江东部沿海地区果实成熟期5月下旬。

2. 软条白沙 软条白沙原产于浙江余杭塘栖，为当地品质最优良的古老品种（彩图9）。

树形开张中庸，枝细长、较软、斜生，有时先端弯曲。叶片中等大，椭圆形，叶缘外卷。果梗细长而软，果实中等大，为倒卵圆、扁圆或圆形，单果重约25克。果皮极薄，易剥。果肉肉质较细且柔软，汁多，味甜美，含可溶性固形物13%～18%。果实有核2～5粒，可食率为68.4%左右。在浙江余杭于6月上旬成熟。该品种果实品质极佳，但不耐贮运。成熟前若遇多雨天气，则易裂果。该品种抗性差，管理不善易引起大小年现象。

三、生产管理技术

（一）土肥水管理

1. 土壤管理 成年枇杷园推荐采用覆盖法、生草法的土壤管理制度。

（1）覆盖法。在树冠下或全园进行杂草、秸秆、沙砾、淤泥或地膜覆盖（图 1－9）。覆草厚度 10 厘米左右，覆草后逐年腐烂减少，要不断补充新草。该方法的优点是可防止水土流失，抑制杂草生长，减少蒸发，缩小地温昼夜与季节变化幅度，增加有效态养分和有机质含量。地膜覆盖则有利于保持地温，特别是冬季覆盖有防冻作用。沙砾、淤泥覆盖还可以改良土壤过黏或过沙特性，一般于建园前期进行。

图 1－9 树盘覆盖

（2）生草法。一般于树盘以外播种多年生豆科植物、禾本科植物或牧草，定期刈割，覆盖于树盘以上或结合施基肥，埋于底部（图 1－10）。也可结合牲畜养殖提供草料、粪便循环壮园，形成种养结合模式。生草有改良土壤结构、增加有机质等作用，还可节省人工，是目前比较流行的方法。但应注意增加肥料的施用量，比清耕园多施 30%。并且生草 5～7 年后，应及时翻压，休闲 1～2 年后重新播种草种。

除沙打旺、紫花苜蓿、草地早熟禾等常规草种外，各地可尝试最近几年引进的鼠茅进行枇杷园生草。除具有生草都有的特点外，它还具有抑制杂草生长、无

图 1-10　果园生草

需刈割、节省人工的优点。江苏一般于 9～10 月播种，1 个月左右覆盖全园，第二年 6 月底自动枯死，9 月自动萌发。推荐每亩用量 1 千克左右，于萌芽前割枯草结合施肥埋于肥下。

(3) 扩穴深耕和间作。幼年枇杷园可进行扩穴生根和间作。

①扩穴生根。对于定植前未进行全园深翻的枇杷园，推荐结合施基肥进行扩穴深翻。在栽植穴外围，每年或隔 2～3 年向外扩展挖宽 50～100 厘米、深 60～80 厘米的环状沟，然后施入有机肥。这样逐年扩大，至全园深翻改造为止。

②行间间作。幼年枇杷园推荐行间间作，以提高效益（图 1-11）。间作物通

图 1-11　行间间作

常为需肥水少的豆科作物、白菜、马铃薯等。避免种植消耗肥水大、与枇杷有相同病虫害和影响果园光照的高秆作物。

2. 基肥肥料选择与用量 基肥又称为秋肥，一般在8月下旬至9月中下旬施，这次肥料占全年施肥量的50%以上。施肥种类以迟效有机肥为主，如厩肥、堆肥、饼肥、草木灰等，其中又以钾含量高的羊粪为佳，可以提高果实品质。值得注意的是有机肥需充分腐熟，以防带入有害微生物，引起根部病虫害和根系灼伤现象。

3. 追肥时期与肥料选择

（1）幼树期。追肥应以氮肥为主，其次是少量的磷肥及钾肥，以利于迅速扩大树冠。全年施6～8次淡粪水，每株可施10～20千克清猪粪水加25～50克尿素。

（2）结果期。追肥2～3次，肥料种类为有机肥加速效肥料。第一次追肥在2～3月施入，也称施春肥，春肥应占全年施肥量的20%左右，以速效肥料配合复合肥施用，以促进果实增大、春梢旺盛生长和提高果实品质。第二次追肥于采收前1周内施，宜早不宜迟，施用速效肥料和优质有机肥，施肥量占全年总量的30%左右。江苏地区也可于寒潮来临前喷施磷酸二氢钾或叶面肥，以利于防冻。

4. 施肥技术 基肥采用土壤施肥，追肥除土壤施肥外，也可以选择叶面追肥。常用的叶面追肥种类有0.3%～0.5%尿素、0.5%～1.0%过磷酸钙滤液、1%～3%草木灰浸出液等。

土壤施肥可采用环状沟施、平行沟施、放射沟施、穴施、面施等方法。环状沟、平行沟应在树冠滴水线附近挖深50厘米左右的沟。放射沟内浅外深，以主干外围50厘米处开始，挖深10厘米，往外越靠近滴水线越深，最外处深为50厘米。穴施则是于滴水线内侧挖4～6个弧状穴。施肥时避免伤根太多，先将枯枝落叶、枯草或树盘覆盖物先填入，再将表土与肥料混匀或一层肥料一层表土回填，最后再回填未风化的底土。洞庭山区果农习惯采用面施，应注意防止根系上浮，并与其他土壤深施技术交错使用。

5. 水分管理 枇杷园应以排水为主，辅助灌水。在降水多的地区，特别是5～6月枇杷成熟期、7～8月枇杷花芽分化期，应做好清沟排水工作（图1-12）。对于易涝地形，在暴雨时应辅以人工强排，避免果园积水导致枇杷根系淹水死亡。灌水一般于果实迅速膨大期、抽梢、夏秋过于干旱时进行，另外入冬前灌水有保温防冻的效果。

灌溉方式除传统沟灌外，推荐采用喷灌、滴灌或水肥一体的方式进行。

图 1－12　清沟排水

（二）整形修剪

1. 树形选择　枇杷自然生长树高可达十几米，如不进行整形修剪，枝条生长紊乱，内膛容易郁闭，造成严重的表面结果、产量降低、品质下降、操作管理不便、工效低等不利现象。

一般采用疏散分层形或低干矮冠形（双层杯状形），高度控制在 4 米以内。

2. 整形技术　疏散分层形，主干高 60 厘米左右，一般有 3～4 层主枝（图 1－13）。第一层主枝数 3～4 个，第二层、第三层 2～3 个。第一、第二层层间距 80～100 厘米，以上各层间隔 50 厘米左右。各层主枝交错排列，上层主枝的副主枝数比下层主枝的副主枝数逐渐减少。该树形在定植后 3～4 年基本形成。7～8 年后，根据树势强弱，去掉顶上的中央主干，逐年或隔几年去掉上部 1～2

图 1－13　枇杷疏散分层形

个主枝。

低干矮冠形，树高控制在 2.5 米以下，主干高度 40～60 厘米，2 层主枝，每层 3～4 个主枝，层间距 80 厘米左右（图 1 - 14）。北缘地区可采用 3 层主枝，树高控制在 3 米以下，第三层主枝 2 个，与第二层层间距 50 厘米左右。

图 1 - 14　枇杷低干矮冠树形

整形在苗木定植后进行，第一层主枝选择生长势相近、角度分布均匀、在主干相间分布的 3～4 根枝条，主干不做修剪。每个主枝保留 3～4 个侧枝。第二层主枝 2～3 个，与第一层主枝角度错开，避免重叠。第三层主枝的选取方法同第二层。整形主要采取的修剪方式为拉枝、疏枝、回缩等（图 1 - 15）。

图 1 - 15　枇杷拉枝

3. **修剪技术**　枇杷修剪主要的作用，一是保持原有合理的树形，二是改善通风透光条件，使养分集中，避免结果部位过分外移，形成内外均能结果的良好树势。

夏季修剪一般在采果后进行，主要是对过密枝、衰弱枝、病虫枝进行疏除、回缩和短截。对挂果过多的弱枝、细枝应加强短截、回缩，使它们及时更新复壮。春季修剪一般在萌芽前（2月左右）进行，主要是对一些过密、遮阳的大枝进行疏除、回缩，或对衰弱树进行回缩、修剪使其更新复壮。

注意事项：每层主枝在主干上的分枝点要相互错开，避免卡脖；直径1厘米的大伤口注意保护，适当留桩；避免一次去除太多主枝或枝条，防止生长势变弱；枇杷枝条怕晒，注意枝干保护。

（三）花果管理

1. 疏花技术 枇杷花量多，着果率高，形成产量的果实数不到总花数的5%。如不及时疏花，会造成果形小、品质差、营养消耗大、大小年结果等弊端。因此，及时疏花成为枇杷栽培的一项标准化技术。

江苏可在10～11月，在树冠上的每个幼穗都已吐露时进行疏花。也有不少果农担心冻害严重不进行疏花。

一般保留全树70%的枝梢结果，疏除过多过弱花穗（图1-16）。一般母枝上2～3个穗的，疏去1个，4～5个的疏去2个。一般树冠顶上多疏，留1/3的花穗；树冠下部少疏，留2/3的花穗。老年树、衰老树、衰弱树的花序多疏，叶片在3片以下的弱枝全疏。习惯上保留主枝花穗，北缘地区也可保留营养较好的侧枝花穗，以推迟花期减轻冻害。

图1-16 疏 花

保留下来的花穗除保留下部3个支轴外，去除上部支轴。无冻害、要套袋的则去除基部和顶部支轴，保留中部3个支轴。3个支轴粗度一致，角度分开。

注意事项：疏花时顺序由上向下，由内到外，避免损伤；冻害严重地区可适当多留花；疏花时注意减少伤口。

2. 疏果技术 疏果一般在3月底至4月初幼果不再受冻害时进行。一般大年多疏，小年少疏；幼树、衰弱树多疏，壮年树少疏。树冠顶部少留，树冠中下部多留。单果重40克以上的大果品种每穗留2个，中小果品种留3个，方向均匀，无受冻、畸形、病虫危害及发育不良的幼果（图1-17）。

图1-17　枇杷疏果

3. **露地防冻技术**　有冻害地区要选用冠玉、青种、冬玉等花期晚、幼果较抗寒的品种，利用小气候条件，营造防护林，加强栽培管理，增强树势。冬季做好主干涂白、培土护根、冻前灌溉等工作，雪后摇雪，防止积雪折损大枝，关注天气预报，及时熏烟防霜、防冻，束叶防止幼果冻害。也可以建立临时风障防冻，一般以钢管或竹子搭建骨架，高度4米左右，主风障与冬季风向垂直，间距30米左右（风障高度的7.5倍），副风障与主风障垂直，上覆遮阳网（图1-18）。

图1-18　枇杷风障

（四）病虫害防治

1. 主要病害防治

叶斑病为枇杷的常见病害。

①危害症状。叶斑病包括斑点病、角斑病和灰斑病，主要危害叶片，引起早期落叶，使树势衰弱，导致减产（图 1 - 19）。灰斑病还危害果实，引起果实腐烂。该病为真菌性病害，病菌多从嫩叶气孔或果实皮孔及伤口侵入。在温暖潮湿环境中易发生，1 年可多次侵染，梅雨季节发病严重。

图 1 - 19　枇杷叶斑病

②防治措施。以防为主，适时施肥，做好开沟排水工作，增强树势，提高枇杷树体的抗逆能力。剪除病虫枝、冻死枝，清除枯枝落叶，集中烧毁。春、夏、秋梢抽生初期喷 70%丙森锌可湿性粉剂 800 倍液或 25%嘧菌酯悬浮剂 2 000 倍液或 50%溴螨酯可湿性粉剂 1 000 倍液，隔 10～15 天再喷 1 次。

2. 主要虫害防治

（1）枇杷黄毛虫。

①危害症状。幼虫食芽、嫩叶，猖獗时也危害老叶、嫩茎皮和花果，被害叶残留上表皮和叶脉（图 1 - 20）。1 年发生 3～5 代。1 龄幼虫具有群集性，2 龄开始分散危害，3 龄以后食量大增。第一代幼虫也危害果实，啃食果皮，影响果实外观甚至使果实

图 1 - 20　枇杷黄毛虫

失去食用价值。幼虫白天潜伏在老叶背面或树干上，早、晚则爬到嫩叶表面危害，严重时新梢嫩叶全部被毁，影响树势。

②防治措施。初龄幼虫群聚新梢叶面取食时，可人工捕杀。冬季从树干上收集虫茧，然后置于寄生蜂保护器中，以保护姬蜂、茧蜂、金小蜂等天敌，控制害虫数量。各新梢萌生初期，发现危害应及时喷5%鱼藤酮乳油1 000倍液或2.5%联苯菊酯乳油3 000倍液等。幼年苗木重点防治枇杷黄毛虫第一代幼虫。果实成熟采收期，禁用任何杀虫剂。

（2）天牛。

①危害症状。危害枇杷的天牛主要有桑天牛、星天牛、云斑天牛和红颈天牛等，天牛幼虫蛀食枇杷主干及主枝，形成中空虫道，最长可达2米。成虫喜在2年生枝条产卵。蛀入孔及产卵处受风易折，严重影响树势、产量（图1-21）。

②防治措施。在成虫盛发期，于晴天中午在树干基部捕杀星天牛成虫；褐天牛于晴天闷热的夜晚时进行捕杀。在成虫产卵高峰期及时检查易于产卵的部位和初孵幼虫危害状，发现后用刀刮除虫卵。凡有鲜虫粪处，蛀道短者可用钢丝钩杀幼虫；蛀道较深，不易钩杀幼虫时，可在清除虫道堵塞物之后，用脱脂棉蘸以40%毒死蜱乳油注入虫道内，然后再以湿泥封堵孔口。也可引进天牛的天敌花绒寄甲（图1-22）防治。

图1-21　枇杷天牛危害状

图1-22　花绒寄甲

（3）苹果密蛎蚧。

①危害症状。主要寄生在枇杷2年生枝条的翘皮裂缝里和当年生的叶柄基部内侧。枝条受害后，常引起生长势衰弱，影响产量，受害严重时，枝条自上而下

逐渐枯死（图 1－23）。叶柄基部受害后，常使叶片变色，并逐渐枯死，最后倒挂在枝条上，第二年春天才脱落。果受害严重时，会形成僵果。危害枇杷的苹果密蛎蚧 1 年发生 2 代，以受精雌成虫越冬。越冬代雌成虫产卵始期是 4 月中旬初，产卵高峰期是 5 月上旬末。第一代卵孵始期是 4 月下旬末，卵孵高峰期是 5 月下旬末至 6 月上旬初。第一代雌成虫产卵始期是 7 月下旬末，产卵高峰期是 8 月上旬。第二代卵孵始期是 7 月下旬初，卵孵高峰期是 8 月中旬。

图 1－23 苹果密蛎蚧

②防治措施。苹果密蛎蚧的防治，应掌握人工防治和第二代若虫发生盛期用药防治的关键技术，第一代若虫发生盛期正值枇杷成熟采收期，故不宜用药防治。在有苹果密蛎蚧发生的枇杷园，于冬、春季剪除被害枝条，刮除翘皮，减少越冬虫源。用药防治可选 25％噻嗪酮可湿性粉剂 1 500倍液、2.5％溴氰菊酯乳油 3 000 倍液、50％溴螨酯可湿性粉剂 1 000 倍液、20％三磷锡可湿性粉剂2 500倍液。

（4）螨类。

①危害症状。以若螨、成螨危害枇杷新梢、嫩叶及花芽，受害叶片背面黄褐色，质地变硬。幼树受害则树冠生长慢，延迟投产。花期受害严重的大量萎蔫脱落，幼果大量受害后，果皮黄褐色，造成减产。1 年发生多代，苏州地区 6～7 月气温上升，正值夏梢抽发，甲螨易爬上新梢嫩叶危害并开始繁殖，7 月中下旬气温较高，空气比较干燥，成为发生高峰期。以成螨在顶梢心叶茸毛、树干翘皮及裂缝中越冬。

②防治措施。消灭越冬螨，减少虫口基数，冬季刮去树干翘皮后，对树干喷洒 5 波美度的石硫合剂，并对树冠喷洒 1 波美度的石硫合剂。春季成螨出蛰 50％时喷药防治，药剂可选 25％三唑锡可湿性粉剂 2 000 倍液、20％丁硫克百威乳油 1 500 倍液。喷药次数及间隔天数根据害虫发生情况及药效维持时间而定。

（五）采收贮藏

1. 采收 枇杷的花期长，果实成熟期不一致，必须分批适期采收。宜晴天采收，雨天及高温烈日均不宜采收（图 1－24）。

白沙枇杷果皮上有一层茸毛，果皮轻微碰擦即会受伤变色，采收时要特别小心。采收时由下而上、由外向内顺次进行。采摘时手执果穗基部剪下或折断，手指不接触果面，要轻拿轻放。

2. 贮藏 枇杷采收后，应挑出残次果，按果实大小分级包装。所有竹筐、纸盒等盛放器具内壁均应平整光滑，用碎纸或布做衬垫物以加强果实保护。枇杷属于不耐贮藏的果实，常温下一般可贮藏7～15天。5～6℃冷库贮藏可达20天以上（图1-25）。

图1-24 采 收

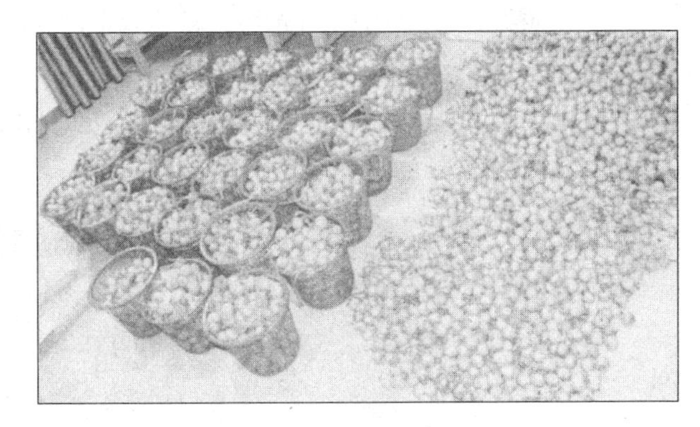

图1-25 室内贮藏

在装运过程中要尽可能减少颠簸振动，轻装轻卸。

（六）设施栽培技术

1. 设施类别与定植 江苏设施栽培有连栋大棚和日光温室两种，其中连栋大棚推荐使用双层膜＋地膜的覆盖方式，苏北连栋大棚需考虑加温措施。因树高在3米左右，设施的肩高应在3.5米以上，如采用双层膜结构，肩高应在4米以上，顶高4.5～5米。

设施栽培要求较高的种植密度，一般株行距为（3～4）米×（2～3）米。小苗也可采用（2～3）米×（1～1.5）米定植，数年封行后再间伐成（4～6）米×（2～3）米。如采用限根栽培技术，应按照要求开挖定植沟或定植穴，放入无纺布、塑料编织袋、泡沫塑料等隔离材料后再回土定植。

2. 环境调控（温度、湿度、光照） 枇杷应在12月下旬第一次低温寒潮来临之前盖棚，如有加温条件可于10月前后盖棚，并放养蜜蜂辅助授粉。

（1）温度。花期白天温度以20～24℃为宜，不超过30℃，夜间温度维持在

10～15℃；幼果期以最高温度不超过25℃，最低温度不低于5℃为原则，通过加温和换气加以调节；无加温设备以夜间最低温度不低于0℃为好；果实膨大期最高温度控制在28℃，最低温度3月为0℃，4月在5～10℃；成熟期白天最高气温30℃，夜间保持在10～15℃。

（2）空气湿度。开花期空气相对湿度为75%～85%。湿度过高，易感染灰霉病烂花，过低则易枯花；幼果发育缓慢期要求70%～80%；幼果快速发育期，前期为80%～85%；后期果实着色以后应为65%～70%；果实采收期要求70%～75%。

（3）土壤湿度。3月应保持土壤有充足的水分，4月以后应保持土壤相对干燥，以提高果实含糖量。

（4）光照调控。设施内的光照一般会不同程度减弱，影响枇杷花芽和幼果的发育，也影响果实着色。

可在棚内地面铺白色地膜、反光膜来增光（图1-26），或用长波辐射的白炽灯结合短波辐射的白色日光灯进行补光。

图1-26　设施枇杷铺反光膜

为预防高温烈日对成熟果实的日灼，或需要在短时间内降低棚内温度，可用有色的塑料薄膜、草帘等遮阳，减弱棚内的光照度。

3. 矮化整形修剪　设施栽培枇杷一般采用低干矮冠形，控制树体高度在3米以下，主干高度30～40厘米，主枝2层，最多3层。每层主枝3～5个，分布均匀，且上下层间主枝相互错开。在各主枝上分布侧枝3～5个。树体高度除通过整形修剪技术控制外，也可以用多效唑（PP333）等生长调节剂进行控制。

4. 设施易发病虫害防治　与露地栽培相比，设施内易发生花序腐烂病和叶片斑点病。

（1）花序腐烂病。其发生程度的轻重与湿度呈正相关，大棚栽培时特别要注意降低花期湿度，减轻花序腐烂病。

结合修剪清除病残体，摘除病花穗。药剂防治宜于开花前或初花期喷药保护，药剂选50%异菌脲可湿性粉剂1 000倍液加72%农用链霉素水剂5 000倍液和50%腐霉利可湿性粉剂1 000倍液加88%水合霉素可溶性粉剂3 000倍液交替使用。隔7～10天喷1次，连续2～3次。

（2）叶片斑点病。以防为主，适时施肥，做好开沟排水工作，增强树势，提高枇杷树体的抗逆能力。剪除病虫枝、冻死枝，清除枯枝落叶，集中烧毁。春、夏、秋梢抽生初期喷70%丙森锌可湿性粉剂800倍液，或25%丙森锌悬浮剂2 000倍液，或50%溴螨酯可湿性粉剂1 000倍液，隔10～15天再喷1次。

附　枇杷生产管理月历

时间	物候期	栽培措施	病虫害防治
1月	末花期	防冻	
2月	幼果期	防冻；定植	
3月	幼果期，春梢开始生长	继续定植；追氮肥催春梢；嫁接育苗；高接换种；月底开始疏果；防果实霜冻；春季修剪	喷药防叶斑病
4月	果实迅速膨大期	疏果；套袋；追施复合钾肥	
5月	成熟期	防鸟；防果实日灼；分批采收；开沟排水	释放天敌防治天牛
6月	成熟期，夏梢开始生长	采收；采后追复合肥催花芽分化；修剪；幼树整形	喷药防叶斑病；防黄毛虫；防治螨类；人工捕捉天牛
7月	花芽分化期	树盘覆盖；防旱	人工捕捉天牛；防治苹果密蛎蚧
8月	花芽分化期	防旱	人工捕捉天牛；防治苹果密蛎蚧
9月	秋梢开始生长	晾根迟花；施基肥	
10月	花蕾期	疏花穗；轻修剪；新园挖定植穴（沟）	预防花腐病
11月	初花期	培土（20厘米）；清园；树干涂白	石硫合剂清园
12月	盛花期	防冻	

第二讲 杨梅高效栽培技术

一、建园与栽植

（一）环境条件要求

1. 温度 杨梅属于亚热带耐寒性常绿果树，主要分布在长江流域及其以南地区。适宜于年平均气温15～21℃、绝对最低气温－9℃的地区生长，江苏主要杨梅产区温度条件见表2-1。优质杨梅产地的年平均温度大于16℃，大于10℃的积温为5 000℃左右。杨梅对温度的要求和枇杷相似，故其分布也与枇杷相近。杨梅比枇杷稍耐寒，但早春长时间的低温冻雨天气，常对枝、叶、花等造成伤害。杨梅开花较迟，花期也较耐寒，一般年份花期很少受冻，但低温会推迟开花进程。高温也不利于杨梅生长，特别是高温加上烈日照射，常导致枝干焦灼枯死。刚栽植的幼树，根系尚未长好，高温会导致其成活率低下。

表2-1 江苏省杨梅主要产区的气候情况

产地	年均气温（℃）	极端最高气温（℃）	极端最低气温（℃）	年降水量（毫米）	相对湿度（%）
吴中	15.8	38.8	－8	1 160.0	83
常熟	16.9	38.0	－5.4	1 341.2	77
宜兴	15.7	40.0	－9.0	1 177.0	78
马山	15.6	39.9	－12.5	1 112.3	80
溧阳	15.5	38.6	－15.3	1 143.0	79
金坛	16.2	40.0	－11.5	1 106.5	78
溧水	15.3	40.7	－14.0	1 031.4	77

2. 降水 杨梅的侧根、须根发达，又有菌根，故耐旱性较强。但因周年常绿，发梢次数多，枝梢生长量大，结果多，对水分的要求较高。杨梅一般要求年降水量在1 000毫米以上，这些降水量基本上能满足杨梅生长和结果的要求，加上杨梅多植于山上，故一般不进行灌溉。在滨海临湖地区和山峦深谷中，用大水体调节温度与湿度，最利于杨梅生长。但花期低温阴雨少照，对授粉受精不利，花期要求晴朗而有微

风的天气，忌刮西北风、落黄沙的天气。另外，花期若遇上连续5天以上平均湿度小于70%或平均日蒸发量大于6毫米，则影响授粉受精，导致产量降低。

空气湿度与杨梅果实品质密切相关。空气相对湿度大，则果实个大、味甜。6月的湿度、温度比与杨梅果实的可溶性固形物含量及糖酸比存在明显的正相关关系。适温高湿情况下，杨梅果实发育良好。一般认为，在果实发育期间，空气相对湿度要求70%左右比较合适。

3. 光照 杨梅为耐阴果树，太强的光照对其生长不利，故栽植于较荫蔽的山谷、日照不太长的地方，反而比栽植在山顶向阳处生长旺，结果多，品质好，果实柔软多汁，风味优良。果实发育后期光照充足有利于着色，可提高含糖量和耐贮性。从杨梅主产区的果树生长情况来看，散射光多，日照时数短，则树势好且果形大，品质优，与其他林木混生的杨梅，产量及品质均比山冈和空旷坡地的要好。

4. 土壤 杨梅适宜种植在酸性或微酸性的红壤或黄壤中，以土质松软、排水良好、含有石砾、pH 4.5～6.5的沙质壤土为好。凡芒萁、杜鹃、松、杉、麻栎、毛竹等酸性指示植物繁茂的山地，均适宜杨梅的生长。

杨梅能在多石砾、土壤贫瘠、排水良好的山地生长，初期生长缓慢，后期则生长良好，而平坦的肥沃土地易引起树体徒长，杨梅树落花落果严重。

土壤质地影响杨梅产量，沙土、沙黏土和黏沙土上的杨梅单产均比黏土要高。对于果实品质和风味，沙土和沙黏土均优于黏沙土、黏土。山地红壤中的黄砾泥以及黄泥沙土，最适于栽培杨梅。对于土壤黏重的杨梅园地，应掺沙砾土或增施有机质肥料进行土壤改良。

（二）建园技术

1. 果园选址 宜选择土层深厚、土质松软、pH 4.5～6.5、富含石砾的黄砾

图2-1 山区杨梅

泥或黄泥沙土建园。山地丘陵，海拔高度在100～300米为宜（图2-1）。最好种植在光照较少的阴坡上，坡度宜在25°以下，最好不超过30°。

2. 山地建园技术

(1) 梯田。修梯田时，随梯田壁的增高，应以梯田面的中轴为准，在中轴线上侧取土，填到下侧，一般不需要到外处取土。但一定要以中轴线为准，保持田面水平（图2-2）。

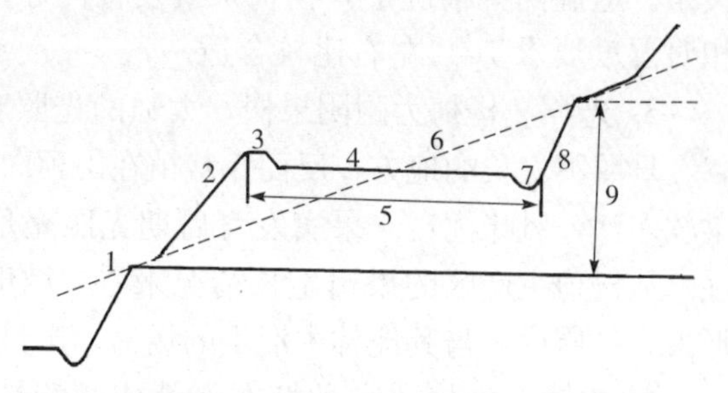

图2-2　山区修筑梯田

1. 梯间　2. 梯田壁　3. 梯田埂　4. 梯田面　5. 梯田面宽　6. 原坡面　7. 背沟　8. 削壁　9. 梯田高

(2) 鱼鳞坑。挖穴在冬季进行，等高线上挖成鱼鳞坑，坑面要向内侧倾斜，为1米（长）×1米（宽）×0.8米（深）（图2-3）。表土和心土宜分开，以便填土时分层利用。施足基肥，每穴施有机肥25千克（或菜饼3千克）和焦泥灰10～15千克，和土拌匀施入。

图2-3　鱼鳞坑种植

3. 平地建园技术　平原地区地下水位高，要挖0.6～1米深的环沟或者深沟，做好排水沟，地下水位控制在1米以下（图2-4）。黏重土壤要改良。最好采用起垄栽培，整地起垄过程中大多采用机械操作，垄宽1.5米，垄高25～40厘米。

图 2-4　平地建园

（三）栽植技术

1. 株行距　一般采用 6 米×（6～7）米。

2. 种植时间　春季 3 月至 4 月上旬，以选无风阴天栽植为宜。

3. 定植技术　宜冬季挖鱼鳞坑或在等高线上筑梯田，定植时避免根系与肥料接触。

宜选择壮苗，先定主干 30～50 厘米，再去掉嫁接部位的尼龙薄膜，剪去主根，修剪过长和劈裂根系。定植时根系应舒展，分次填入表土，四周踏实，最后浇水 1～2 次，再盖 1 层松土。定植完毕宜立即用柴草或遮阳网覆盖，直至当年 9 月（图 2-5）。

图 2-5　杨梅定植

定植后的第一年，杨梅根系不发达，在7～8月高温干旱时，易被旱死，应进行防旱抗旱。有水源的可行灌水或浇水；也可在出梅后（7月）地湿时，覆盖5～10厘米厚的草于鱼鳞坑范围内。

杨梅发展新区，按1%～2%搭配杨梅授粉树（雄株），并根据花期风向和地形确定杨梅雄株的位置。

二、优良品种推荐

（一）江苏省品种

1. 紫晶 本品种树势中等，树冠自然圆头形，果实圆球形。单果重16.2克，最大果重20.7克（彩图10）。果面紫红色，完全成熟时呈紫黑色，肉柱圆钝，大小均匀，果顶圆整，果基处有4条明显的缝合线，果肉厚，柔软多汁，可溶性固形物10.7%，可食率95.4%，品质上等。在苏州地区成熟期为6月中下旬，抗逆性强，大小年结果不明显。

2. 大叶细蒂 本品种树冠高大，较开张。果形大，圆或扁圆形，平均单果重12.7克。肉柱圆形或长圆形（彩图11）。核小，长圆形，侧径较厚，半粘核，平均重0.25克，成熟期6月中下旬。风味甜酸适度，柔软多汁，品质上等，耐贮运。成熟期晚，丰产，成熟期不易落果，耐贮运，肉厚汁多，味甜，核小，品质上等，是鲜食和罐藏兼用的优良品种。

3. 小叶细蒂 本品种树冠直立高大。果中等大，扁圆形，深紫红色，平均单果重10.5克。肉柱圆形，中等大，稍突出，排列紧密，果面较平整（彩图12）。肉较厚，平均厚1.06厘米。核小，近圆形，平均重0.61克，半粘核，毛茸短，淡褐色，中等厚。肉质较硬，风味浓甜，品质上等，成熟期6月中旬。着果率高，丰产，优质。采前不易落果，稍耐贮运。

4. 甜山 本品种树势强健，枝条稀疏。果中等大，扁圆形，紫红色，平均单果重13.4克（彩图13）。果面较平整，缝合线明显，肉柱圆钝，大而整齐，肉厚0.98厘米，可溶性固形物9%～11%，汁多，味鲜甜，略有香气，果梗较细短，平均长0.7厘米，核中等大，重0.8克，品质优良，较耐贮藏，一般采收后可贮藏2～3天。6月下旬成熟。

（二）省外品种

1. 荸荠种 本品种树势中庸，树形较矮。果实中等大，肉柱头圆，有光泽，果核占5%，单果重10.7克，大的达17.6克（彩图14）。果形近圆，顶部稍凹，果底平，缝合线较明显，果蒂小，微凹，蒂苔淡红色。肉质细软，汁多味浓，香甜可口，品质极佳。可食率为93.5%～94%，可溶性固形物含量12.5%，果核小，卵形，与果肉易分离。早期果实硬度适宜，耐贮运，在江苏6月中下旬开始采收。

2. 早佳 早佳是浙江省农业科学院园艺研究所等单位在浙江兰溪杨梅园中发现的特早熟乌梅类优良单系（彩图15）。树势中等，树冠半圆形。成熟期早，比荸荠种成熟提早7天左右。平均单果重12.5克，可溶性固形物含量11.4%，可食率95.7%。果肉质地硬，果汁多，风味甜酸适口，紫黑色，有光泽，果实整齐，品质优良，耐贮运，商品性好，丰产性好。

3. 黑晶 黑晶是浙江省农业科学院园艺研究所、温岭市农业林业局等单位从温岭大梅园中发现的实生变异株系，经系统选育而成的大果型乌梅类杨梅新品种（彩图16）。该品种树势中庸，树冠圆头形。果实大，圆形，平均单果重20.4克。果顶较凹陷，完熟时果表呈紫黑色，富有光泽，汁液多，甜酸适口，平均可溶性固形物12.2%，总酸1.12%，可食率93.5%，风味浓甜，品质优良。具有早果性，果实较大，丰产、稳产、品质优。黑晶的成熟期介于荸荠种与东魁之间。常年6月下旬成熟。

三、生产管理技术

（一）土肥水管理

1. 土壤管理

（1）自然生草。由于当前劳动力价格日益增加，再加上多数从事杨梅生产者

图2-6　自然生草

的年龄较大，所以目前杨梅采用自然生草栽培的较多，一般不进行耕作，只在采果前刈割 1 次，并将刈草铺在树冠下，以便减少采果及果实脱落时的果实损伤（图 2-6）。

（2）人工生草。果园生草为杨梅生长提供较阴凉的环境，符合杨梅的喜阴特性；同时，果园生草为杨梅生长提供足够的肥源。生草的果园，水土流失少，生态植被得到有效保护，有益于昆虫天敌的繁殖，有利于达到“以虫治虫，综合防治”目的。杨梅园应选择矮秆、匍匐生长、适应性强、耐阴、耐践踏、耗水量少的草种。主要品种有白三叶草、紫花苜蓿、田菁、鼠茅、绿豆、乌饭豆等（图 2-7）。白三叶草春播在 4 月初至 5 月中旬，也可以在 8 月中旬至 9 月中旬秋播，每年可以割 3～5 次，每亩产鲜草 4～6 吨。

图 2-7　鼠茅生草

2. 需肥特性及管理　杨梅根系较浅，主根不明显，侧根与须根发达，细根多分布在 50 厘米的土层范围内，30 厘米上层内根系占总根量的 60%，根系的水平分布大于树冠直径 1 倍以上。杨梅总的需肥特点是量大而全，即所需肥料量大，且需要的肥料元素种类多。杨梅树的正常生长发育需要多种营养元素，综合各类研究，每生产 1 000 千克果实，需氮 8～14 千克、磷 1～1.6 千克、钾 12～18 千克、镁 2 千克。杨梅终年常绿，生长期长，抽梢次数多，枝叶繁茂，生长量大，果实发育期短，成熟较早，花芽分化期长，需肥量大。杨梅根系具有固氮根瘤，自身能固氮，并能将土壤中的有机磷降解为有效磷而供植物吸收，因此对氮、磷的需求不大，以钾、硼的需求最大，同时根据土壤状况，施用锌、铁、铜、锰、氯、钼、镍等其他微量元素。

（1）施肥时期及种类。

①幼龄树。

基肥：于10月至11月中旬施用，目的是促使杨梅能安全越冬，促进根系的生长和第二年春梢的提前萌动。

追肥：在小苗定植前施足基肥，3～7月，每月施1次，直至第三年。根外追肥：整个生长期均可施用，目的是补充根际施肥的不足。

②结果树。

基肥：于10月至11月中旬进行施用，目的是促使杨梅安全越冬，促进根系的生长和第二年春梢的提前萌动以及花芽进一步分化，并补充春季杨梅开花结果、抽梢对营养的需求。

追肥：花前肥于1月下旬至2月中旬施用。重点施大年树及长势弱、花芽多的树，但对小年树及长势强、花芽少的树可不施或少施，否则会加剧杨梅的大小年现象。壮果促梢肥于4月下旬至5月上旬进行施用，作用是促进当年春梢的老熟和当年果实的迅速膨大。采后肥于6月下旬至7月上旬施用。

（2）施肥量。

①小苗期。在栽植前施足基肥。每穴施有机肥25千克，或腐熟饼肥3千克、焦泥灰10～15千克和过磷酸钙0.5千克。

②幼树期。基肥用量应是全年施肥量的70%，一般可株施有机肥5千克加焦泥灰7.5千克，并随着树龄增大每年用量增加，到初果时，株施有机肥12.5千克加焦泥灰20千克。

③结果期。以株产50千克的大树为例，基肥用量也应是全年施肥量的70%，一般可株施有机肥12.5千克或饼肥4～6千克或焦泥灰25千克；

④开花前。株施焦泥灰15～20千克或硫酸钾0.5～1千克。壮果促梢肥株施焦泥灰25千克。

⑤采果后。株施硫酸钾1～3千克。

3. 施肥方法　根据杨梅根系的分布特点，施肥时深度以20～40厘米为宜，施肥位置在树冠滴水线附近为好。根据树盘大小等情况，采用下列几种：

（1）盘状施肥。以幼年树比较适宜，即以杨梅的树干为中心，把土壤呈圆盘状耙开，施肥盘的大小与树冠相当，深度在20～30厘米，耙出的土堆在盘外四周，成为外围，施肥以后再理土。

（2）环状施肥。以主干为中心，按树冠大小挖环状沟，沟的深度随肥料种类而定，有机肥料和磷肥宜深施，氮、钾化学肥料可浅施，施肥以后盖土，此法适用于大树施肥（图2-8）。

图 2-8 环状沟施肥

4. 水分管理 杨梅为喜湿耐阴的果树，受栽培地区地理条件的限制，杨梅园大多依靠自然降水来维持生产，制约了质量和产量的提高。因此，做好水分管理，适时适量浇水，及时防涝排水，是杨梅优质、高产、稳产的关键。

（1）灌水。灌水时间应该按照杨梅树的生理特性和需水特点，综合土壤墒情、天气情况确定。对水分的需求矛盾主要发生在2～5月的萌芽、开花和果实膨大期，及在7～9月高温干旱季节，连续天晴15天就需要灌水抗旱，保证杨梅正常的开花结果和生长发育。灌水时，水分要以浸透根系分布层为度。切忌只灌水于土层表层，这样反而易造成土壤表面板结，对果树生长不利。

（2）防涝排水。在7～8月则应适当控水，进入雨季后要加强排水管理，保证沟渠的通畅排水。

（二）整形修剪

1. 树形选择 一般采用自然开心形，控制树高在2.5米～3米（图2-9）。

第一年定植后留60～70厘米定干，30厘米以下发枝全部抹除，30～60厘米整形带选留3～4枝。

第二年秋天选择3根方向、位置合适的斜生枝为主枝，第一主枝离地30厘米，主枝间各间隔15厘米，并对主枝在饱满芽处短截，其余过密枝疏除。各主枝在离主干60～70厘米处的同侧选留第一侧枝，要求位置在主枝的外侧或背斜方向，与主干成60°～70°角，如角度过小在夏秋季进行拉枝。

图 2-9 整形修剪

第三年距第一侧枝 60～70 厘米处留第二侧枝，并培养枝组，过长枝组在秋季短截。

第四年继续培养第三侧枝，并要主枝、侧枝上培养枝组，基本成形。

2. 修剪技术 疏除掉树冠中间直立大枝，剪除顶上直立徒长枝、交叉枝、密生枝等（图 2－10）；树冠外围及顶部的结果枝组采用拉枝、疏除和回缩的方法减少枝量；对下部或内膛的结果枝级可短截部分枝条，促进抽生强壮枝，以便更新结果枝组，保持内膛结果旺盛，使整个树冠的枝梢分布为上少下多、外疏内密的立体结果格局。结果盛产树的主干或主枝上的徒长枝要全部剪除，疏除过密枝、交叉枝、病虫枝、枯枝（图 2－11）。整体修剪量应控制在生长量的 20%以内。

图 2－10 修剪前

图 2－11 修剪后

3. **大枝修剪** 杨梅一般树体较高大，给生产管理带来了许多不便。为控制树高，合理配置枝梢，调节生长与结果的平衡，均衡大小年结果，提高果品质量，方便管理，使其能立体结果，大幅度增加杨梅的经济产量（图2-12），强树应于每年11～12月上旬，弱树于2～3月上旬进行大枝修剪。其总体方法是分步实施、去直留斜、去强留弱、控高疏密、通风透光、立体结果。修剪顺序应先内后外、先上后下、先大枝后小枝。通过3～5年的分步修剪措施，控制杨梅树达到3米左右的树冠高度。具体步骤如下：

图2-12 大枝修剪后结果状

第一年，将树冠顶上的直立枝锯掉2～3枝，又称“开天窗”。使阳光透入树冠中下部，促使内部和中下部的大枝上能够萌发新梢。修剪量控制在20%以内。

第二年，再将树冠顶上的大枝全部去掉；或是根据树冠实际情况，留些大枝到第三年再去除，并促使树冠中下部的大枝上再萌发新梢。修剪量控制在20%以内。

第三年，若有树冠顶上留大枝的，继续去除。修剪量控制在20%以内。

第四年，在以上几年的基础上再锯掉大枝的一截。被截枝长度1～1.5米，并结合修剪去掉少量的小枝。修剪量控制在20%以内。

第五年，再锯掉其他大枝的一截，使树冠高度再下降1～1.5米，达到树冠高度3.0米左右的要求。修剪量控制在20%以内。

大枝修剪后要及时管理，特别是大伤口要做好保护措施，剃平伤口，再涂上新鲜黄泥浆或涂白剂或石灰硫黄浆后，包扎稻草。其次是大枝上萌发的新梢要及时整理，只需去掉密生枝、衰弱枝，尽量多留。长梢要摘心短截，促使再萌梢，培养结果枝群。

(三) 花果管理

1. 疏花技术 对花枝、花芽过量或结果过多的树，于2～3月疏除花枝、密生枝、纤细枝、内膛小侧枝。少部分结果枝短截促分枝。

2. 疏果技术 人工疏果分2～3次进行。第一次，盛花后20天疏密生果、小果和劣果。第二次，谢花后20～35天果径1厘米时，疏小果、劣果。第三次，盛花后40～50天果实迅速膨大前进行，平均每果枝留果2～3个（图2-13）。

图2-13 杨梅疏果

3. 大小年结果调控措施 杨梅树存在大小年结果现象，大年时结果量多，产量高，但果实小，而小年时结果数量多，产量少，仅有大年结果数量的1/5～1/3。严重影响了杨梅生产的经济效益。

缩小杨梅树大小年结果的主要措施：

（1）大年。2月至3月中旬，全树均匀疏除1/5～2/5结果枝，每株施0.5～1千克尿素，促使春梢抽生。5月中下旬果实采收前，每株施入0.5千克以氮、钾为主的复合肥作为果实壮果肥。6月底至7月初果实采后，每株施10～15千克草木灰或饼肥。

（2）小年。2月至3月中旬，全树均匀疏除2/5结果枝，采果后结合采后肥，对杨梅树进行修剪，疏除部分夏梢，以减少来年结果枝。

(四) 病虫害防治

1. 主要病害防治 癌肿病为杨梅的常见病害。

①危害症状。杨梅癌肿病又称杨梅溃疡病，俗称杨梅疮（图2-14），是我国杨梅常见的一种细菌性病害。主要危害杨梅树干和枝条，病部形成大小不一的粗

糙木栓化肿瘤，其上小枝枯死，严重者全株死亡。肿瘤大小不一，小的直径只有约1厘米，大的可达10厘米以上。一个枝上的肿瘤少者1～2个，多者达5～8个，一般在枝节部发生较多。

图2-14　杨梅癌肿病

②防治措施。3～4月，用刀刮除病斑，并涂20%噻枯唑可湿性粉剂50～100倍液消毒保护，半月后再涂1次。

新梢抽生前，剪除有癌瘤的小枝，并喷1∶2∶200的石灰倍量式波尔多液，病枝集中烧毁。

采收季节赤脚或穿软鞋上树采收，避免硬底鞋损坏树皮，增加伤口，或防止其他的人为机械操作。

不从病树上采接穗，引种时不在疫区购苗。

多施钾肥。

2. 主要虫害防治

(1) 卷叶蛾类。

①生活习性及危害症状。危害杨梅树的卷叶蛾有小黄卷叶蛾、褐带长卷叶蛾、拟小黄卷叶蛾和拟后黄卷叶蛾4种。在江苏1年发生5代，世代重叠，以幼虫在卷叶内越冬。每年4～5月出现幼虫，幼虫活泼，老熟后在卷叶内化蛹。成虫日间栖息于叶上，夜间飞翔活动，成虫喜食糖蜜，并具趋光性。幼虫危害嫩叶，卷缩成虫苞，严重时新梢一片焦枯（图2-15）。

②防治措施。用糖醋液（红糖1份、黄酒1份、食醋4份、水16份混合而成）或黑光灯诱杀。4月底和7中下旬喷洒40%毒死蜱乳油1 500～2 000倍液。

冬季清园，剪除虫苞及过密枝。

图 2-15　杨梅卷叶蛾

加强管理，促进树体强健。

（2）尺蠖。

①生活习性及危害症状。尺蠖又称大尺蠖、造桥虫、拱背虫、量尺虫。在江苏 1 年发生 2～3 代，以蛹在根际表土中越冬。第一代幼虫发生期为 5 月中旬至 6 月下旬，第二代幼虫发生期为 7 月中旬至 8 月下旬。第三代幼虫发生期为 9 月下旬至 11 月中旬。1～2 龄幼虫咬食叶片边缘、叶尖表皮，3 龄后咬食整个叶片（图 2-16）。其幼虫在阴天、夜晚危害较重，主要以幼虫咬食叶片危害。

图 2-16　尺　蠖

②防治措施。于 4～5 月幼虫发生初期。以 35%氯虫苯甲酰胺水分散粉剂 7 000～10 000 倍液喷雾防治。

清除卵块，在幼虫老熟期，在树下铺设塑料薄膜，上撒几厘米厚的湿润泥土，诱其化蛹，集中烧毁或人工捕杀。

（3）黑胶粉虱。

①生活习性及危害症状。在江苏发生1代，以老熟幼虫在黑色蛹壳下越冬。3月下旬化蛹，4月中旬至5月上中旬羽化。6月上中旬孵化为幼虫。危害杨梅时，叶背会有许多黑点状虫。黑胶粉虱是以口针插入叶片组织吸食汁液，绝大多数幼虫寄生于叶片背面，危害杨梅叶片。受害严重的杨梅树，常叶片早落，树势衰弱（图2-17）。

图2-17 黑胶粉虱

②防治措施。采取修剪去除病虫枝叶的方法，不仅能降低虫口密度，并能增加通风透光度，减轻危害程度。

杨梅采摘后及时喷药防治。药剂可使用25%噻嗪酮乳油1 500倍液。每隔半月喷1次，连喷2～3次。

（4）介壳虫类。

①生活习性及危害症状。杨梅介壳虫发生种类较多，在江苏产区主要有柏牡蛎蚧、樟盾蚧等。1年发生2代。以雌成虫和若虫群集在3年生以下杨梅枝条和叶片主脉周围及叶柄上危害，叶枯死早落，严重时一片枯黄（图2-18）。

②防治措施。5月中下旬第一代若虫出壳峰期喷40%杀扑磷乳油1 500～2 000倍液，7月下旬和8月中旬连续喷上述药剂2次，防治第二代若虫。

冬季用3～5波美度的石硫合剂喷雾清园，剪除枯枝及虫口密度高的枝条集中烧毁。

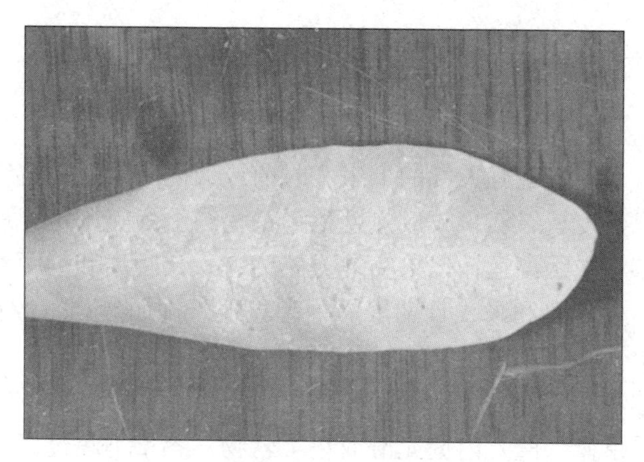

图 2-18　介壳虫

（5）黑腹果蝇。

①生活习性及危害症状。黑腹果蝇又称红眼果蝇（图 2-19）。主要在田间危害杨梅果实。当果实由青转黄，果质变软后，雌成虫产卵于果实表面，孵化幼虫蛀食果实。受害果实果面凹凸不平，果汁外溢，品质变劣。发生盛期在 6 月中旬到 7 月下旬。老熟成虫从上午 8～9 时开始逃离果实，钻入 3～5 厘米土层中或在枯叶下或苔藓植物内化蛹。

图 2-19　黑腹果蝇

②防治方法。5 月中下旬，清洁杨梅园腐烂物，同时用 50%辛硫磷乳油 1 000倍液对地面喷雾，可减少虫源。

诱杀成虫，当果实进入第一生长高峰期，用 25%敌百虫乳油：香蕉：蜂蜜：食醋以 10：10：6：3 的比例制成诱杀浆液，每亩堆放 10 处诱杀。

（五）采收贮藏

1. 采收

（1）采收时间。在晴好天气的上午 9 时前或天阴时采摘为宜。

（2）采收成熟度。果实采收成熟度根据销售终端地点确定。近距离运输以果实充分成熟为宜；中距离运输以果实九成熟为宜；长距离和远距离运输以果实八九成熟为宜。杨梅成熟和采收日期因品种和立地条件而异，一般在 6 月中旬至 7 月上旬分批采收。

（3）采收方法 。采收过程应戴一次性薄膜卫生手套，要轻摘轻放，全程实现无伤操作。采果篮（筐）内壁光滑或垫柔软物，容量不超过 2.5 千克为宜。采果篮（筐）不能翻装（图 2 - 20）。果实随采随运，避免采后果实在太阳下暴晒。

图 2 - 20　杨梅采收

（4）采收标准。果形端正，无机械损伤，无病虫害，无异味和霉变。果实紫红色至紫黑色，具该品种固有风味。

2. 贮藏

（1）预冷。将采果篮（筐）内的果实缓慢倾倒在垫有软物的塑料周转箱内或专用分级操作台上，在预冷库房内 3～5℃下预冷 6～12 小时，或在 0～2℃下强预冷 2～3 小时。

（2）分级。在 10～15℃的操作间进行分级和分装，操作者戴上一次性薄膜卫生手套，轻拿轻放。按果实大小和颜色进行分级；剔除受损伤果实。

（3）分装。分级后的果实用于近距离地区销售的，可以直接放入包装盒；进行中、长、远距离销售的果实分装入小筐（每筐 1～2 千克），小筐再放入塑料周转箱内，冷藏后进行包装（图 2 - 21）。

图 2-21　杨梅包装

（4）冷藏。经分级、分装的果实置于 1～5℃冷库或冷藏车贮藏。刚进入冷藏前 12 小时应每 1 小时检查冷藏库（车）内环境温度 1 次，12 小时后每 2 小时检查 1 次；相对湿度控制在 80%～90%。

（5）包装。包装盒单位为 2～2.5 千克为宜，包装盒选用高度较低，果实放入不超过 2 层的塑料泡沫保温盒。包装材料符合 GB/T 191—2008 要求，包装尺寸可按照销售要求而定。封口前根据果实量和运输距离，在包装盒内的小筐之间放入生物冰袋，果实与生物冰袋重量比例为 5∶1，以维持中转过程的适宜温度。泡沫塑料箱封盖后，用透明宽胶带密封，泡沫箱外套特制防潮纸板箱（纸板箱印有规格和商标等）后运输。

（六）避雨栽培技术

1. 避雨设施的类型

（1）简易伞形。避雨伞依树搭建，即一株杨梅一把伞（图 2-22）。搭建步骤：首先，在杨梅树的中心位置，竖一根比杨梅树高出 50 厘米的钢管或毛竹，并固定；其次，按树形大小取钢管或毛竹 4 根，在竖立的钢管或毛竹顶端形成 2 个交叉的十字，端部用绳子拉下来，形成一个弧面，并固定；最后在架面上覆透明薄膜或防虫避雨网。

（2）钢架大棚。利用钢架大棚作为避雨设施。大棚跨度一般 5～8 米，棚顶高 3.5～4 米。棚的长度根据杨梅园地实际情况决定（图 2-23）。

2. 覆膜、揭膜期　选用 0.065～0.12 毫米厚的无滴防尘抗老化聚乙烯薄膜。杨梅成熟前 10～15 天覆膜，杨梅采收后 5～8 天揭膜。

图 2-22　杨梅避雨伞

图 2-23　杨梅避雨棚

3. 配套技术

（1）肥料管理技术。成年杨梅结果树在果实采收后施肥。施用氮、磷、钾比为 15∶4∶20 的杨梅专用缓释肥及杨梅专用有机钾肥（黄腐酸钾含量大于 12%，有机质含量大于 50%）。20 年以上的结果树，基施杨梅专用缓释肥每株 0.5～1 千克及杨梅专用有机钾肥每株 4 千克，与土混合后，在树冠滴水线处挖深 30 厘米、宽 20 厘米的环状沟施入。

（2）树体调控技术。杨梅在设施内应采用矮化树形，控制树高在 2.5～3 米。疏除掉树冠中间直立大枝，剪除顶上直立徒长枝、交叉枝、密生枝等；树冠外围及顶部的结果枝组，采用拉枝、疏除和回缩的方法减少枝量；对下部或内膛的结果枝级，可短截部分枝条，促进抽生强壮枝，以便更新结果枝组，保持内膛结果旺盛，使整个树冠的枝梢分布为上少下多、外疏内密的立体结果格局。结果盛产树的主干或主枝上的徒长枝要全部疏除，剪除过密枝、交叉枝、病虫枝、枯枝。整体修剪量应控制在生长量的20%以内。

（3）果实调控技术。在每年4月下旬至5月上旬对大年树和衰弱树适当疏果，对恢复树势、提高果实商品性有较大益处。4月底5月上旬杨梅幼果至黄豆大小时开始疏果，疏果时间以早为好。大年树每结果枝留果2个，保留果型较长、外表自然完整的上部果，疏去枝条基部果及病虫果、小果和多余果，全树出空头50%，其中树冠顶部及外围出空头20%左右，以促进抽生夏梢成为明年的结果枝，减少大小年现象。

附　杨梅生产管理月历

时间	物候期	栽培措施
1月	休眠期	开垦园地；挖定植穴
2月	花芽、叶芽萌发期	锯除或短截过高直立枝，回缩过长斜生枝；疏除过量花枝和密生枝
3月	花期，春梢萌发期	杨梅种植；小苗嫁接、大树高接；防治杨梅癌肿病、干枯病、白蚁
4月	果实发育期，春梢生长期	继续杨梅种植、嫁接；多花树疏花枝；防治癌肿病、白蚁等
5月	果实膨大期，春梢生长期	疏去病虫果、密生果，每果枝留1～3果；防治介壳虫
6月	果实膨大期，果实成熟期	果实及时采收；防治果蝇、褐斑病、卷叶蛾、天牛等
7月	果实成熟期，花芽分化期，夏梢生长期	施采后肥；夏季修剪；防治卷叶蛾、尺蠖、介壳虫
8月	花芽分化期，秋梢萌发期	继续防治卷叶蛾、尺蠖；注意防旱排涝
9月	花芽分化期，秋梢生长期	幼树抹芽摘心
10月	花芽分化期	幼树抹芽摘心；施基肥
11月	休眠期	清园、剪枯枝、病枝；杨梅种植
12月	休眠期	清园、剪枯枝、病虫枝；挖定植穴

第三讲 柑橘高效栽培技术

一、优良品种推荐

（一）温州蜜柑品种

1. **大分** 大分是日本柑橘试验场以今田早生温州蜜柑与八朔杂交的珠心胚中选育的一个特早熟、高糖的温州蜜柑新品种（彩图 17）。

本品种树形较直立，结果后渐开张。果实扁圆形，有光泽，果顶平，果梗部无明显凸起，油胞小，果皮薄、光滑、橙色，平均皮厚 0.16 厘米。平均单果重 110 克，纵径平均 5.0 厘米，横径平均 6.8 厘米，可溶性固形物含量 9.4%～10.5%，比宫本高。果肉橙色，囊壁薄，肉质细嫩，化渣，汁多，味甜，品质优良，每果平均 11 瓣，无籽。减酸早，9 月下旬可采收。早结丰产性，因该品种果实采收早，树势恢复快，耐寒性比较强。

2. **宫川** 宫川原产于日本福冈县山门郡，系宫川谦吉氏从温州蜜柑的枝变中选出（彩图 18）。1939 年传入黄岩，1958 年引入江苏省，1966 年引进的新宫川，中国农业科学院柑橘研究所以宫川命名。

本品种树势中等，树姿开张，大枝稀少，弯曲延伸，常有 2～3 枝后生枝凸出树冠，形成单位枝序。果大，扁圆形，单果重 123～210 克，蒂渐隆起明显，肩部一侧稍高，果皮橙黄色，较薄，油胞大，微凸，或平生。囊衣薄，质柔软，化渣，汁多，味浓甜，品质较优，产量高，可溶性固形物 11.9%～14%。10 月中下旬成熟。

3. **山下红** 山下红由日本选育，从宫川温州蜜柑早生枝变中选出，于 20 世纪 90 年代引入我国，2005 年引入江苏省（彩图 19）。

本品种树势中庸。果皮红橙色，果实扁圆形、平滑度中等。平均果重 180 克，果皮薄，可溶性固形物 11.7%，可食率 68.5%，出汁率 58%。成熟期 11 月下旬。特耐贮运，留树贮藏至第二年 2 月不浮皮。丰产性极好，早果性极强，也是盆栽柑橘的优良品种。

（二）杂柑品种

1. 天草 天草又称象山红。1993 年在日本育成，是清见橘橙和兴津温州蜜柑的杂交后代再与佩奇橘杂交所得（彩图 20）。20 世纪末初引入我国，2001 年从浙江象山引入江苏。

本品种树势中等，树形较开展，果实扁圆形，果形整齐，中等大，单果重 192 克；果面光滑，红橙色，富光泽；皮薄，稍难剥（似橙），果皮有克里迈丁柑橘品种和甜橙的混合香气。果肉紧，囊衣薄，化渣，汁多，无核，有香气，风味浓，品质优良。果实可食率 83%，可溶性固形物 11.3%～12.5%。11 月下旬至 12 月上旬成熟。天草橘橙高接在温州蜜柑上，长势旺，投产早，坐果率高。果形美观，无核质优，丰产稳产，适应性强，较抗衰退病、溃疡病和疮痂病。

2. 不知火 又称丑橘。原产于日本，为清见橘橙和中野 3 号椪柑的杂交种。1992 年由日本引入我国试种（彩图 21），2003 年引入江苏。

本品种树势中等或偏弱，较直立，果实高圆形，果实大，纵径 7.5 厘米，横径 8.5 厘米，一般单果重 250～310 克；果蒂部常有凸起短颈；果基有放射状沟纹。果面橙黄色或橙色，油胞粗，果皮中等厚，剥皮介于橙与橘之间；果肉脆嫩多汁，囊壁薄而脆，甚化渣，风味浓郁，品质优良；果实可食率 78%，可溶性固形物 14.1%，无核。12 月下旬至第二年 3 月成熟。高糖高酸、无核质优，成熟期较晚，耐贮运，供应期长，抗逆性强，适应性广。

3. 清见 清见脐橙系日本园艺试验场（现果树试验场柑橘部兴津支场）1949 年以特罗维塔甜橙（华脐实生变种）与宫川温州蜜柑杂交育成的杂交品种（彩图 22）。

本品种树势强，果实扁圆形，果大，一般重 200 克左右；果面光滑、橙色，富光泽；果皮薄，包着较紧，但仍易剥离；肉色橙红，肉质细嫩，汁多，化渣，固形物 11%～12%，酸甜爽口，香气宜人，品质优，四周无授粉树时则无核。12 月底至第二年 1 月上旬成熟，可至 2～3 月完全成熟后采收，上市期为 1～6 月，为很有市场价值的晚熟易剥皮品种。

因成熟期晚，在江苏省设施栽培易受风害。结果以内膛为主，因此修剪应多短截，适当疏除外围枝，使枝条直立或斜伸，减少郁闭。

（三）地方特色品种

1. 早红 早红又名洞庭红、早橘子，中秋节前后果顶转红，抢早采收上市，故又称洞庭一点红（彩图 23）。江苏吴中区古老地方品种。主要分布于江苏吴中区洞庭山一带。

本品种树势中庸，果橙红色，扁圆形，果实小，单果重 30～75 克，果面平滑光亮，油胞密，平生或凹入，果顶宽凹，蒂部有时有短乳头状凸起，皮较薄，易剥离，囊瓣 7～10 枚，风味淡甜。10 月上中旬成熟。早熟，外观美。不耐贮藏，但较耐寒，丰产稳产。

2. **料红** 料红又名了红、晚橘子，已有百年的历史，为洞庭山的特有品种，曾是当地的主栽品种（彩图 24）。

本品种树势强健，果实扁圆形，蒂部和果顶凹入，单果重 50～120 克，果皮橙红色，果面较粗糙，油胞凹入，不及早红光亮，顶端无乳头状凸起，果皮易剥离。风味酸甜，较浓，贮藏后品质提高，可溶性固形物 10%～12%。成熟期 11 月中上旬。较耐寒，结果性强，丰产，耐贮运，一般可贮至春节，因果面鲜红取“红红火火、吉祥如意”之意，深受消费者欢迎。

3. **青红** 青红又名洋红、漆红，栽培历史较长，但数量少，零星分散于农家以及小片柑橘园中（彩图 25）。

本品种树体强健，果实扁圆形，暗橙红色，熟前现成块青红色故名。果面较粗，油胞凸出，果皮厚，易剥离，中心柱空虚，单果重 50 克左右。味甜似红糖，可溶性固形物 11%～11.6%。成熟期 11 月上旬。耐寒性较强，但耐贮性差。

二、栽培新技术

（一）无公害栽培技术

在果园里进行无公害栽培，需要在选择抗病虫、抗逆的优良品种前提下，做好以下几点。

1. 合理修剪

（1）幼龄树。栽苗时留 30～40 厘米定干修剪，当橘苗发梢后选留 3～4 个分布均匀、上下错开、生长健壮的春梢做主枝培养。以后发出的夏梢留 7～8 片叶摘心做副主枝培养。培养侧枝和侧枝群，柑橘树在栽后 5 年之内，保持每年抽 3 次新梢，并多次进行、摘心、抹芽、放梢等工作。通过 3～5 年的培养，基本形成由主干、主枝、副主枝、侧枝、侧枝群构成的树冠。

（2）成龄树。春剪在萌芽前进行，剪除病虫枝、死枝、交叉枝、重叠枝、顶端徒长枝等。夏剪在柑橘坐果后进行，对落花果枝需要保留和短剪，不要的疏剪。冬剪在采果后进行，剪除病虫枝、枯死枝、果梗等（图 3-1）。

（3）衰老树。对果园荫蔽、骨干枝众多而紊乱的树枝，采用大枝简化修剪技

图 3-1　大树修剪

术，使其改造成自然开心形。对郁蔽度过大的，进行疏伐改造，一般亩留 40～50 株，留下的植株应对枝组分年回缩更新修剪，降低树冠高度，控制树冠大小，并改造成自然开心形。

2. 科学施肥

（1）基肥。在秋梢停止生长后，通过深翻、扩穴一次性施足，以粪肥、厩肥、饼肥等有机肥为主，经过高温密封堆沤发酵消毒和杀虫后使用（图 3-2）。

图 3-2　施　肥

（2）追肥。化肥用多元复合缓释粒肥。幼树施肥应勤而薄，适量多施氮肥，配合施用磷、钾肥，春、夏、秋施 4～5 次，有冻害的地方 8 月后停施速效氮肥。1～3 年生树年单株施纯氮量为 150～400 克，氮、磷、钾比例为 1：（0.25～0.3）：0.5。结果树以株产 100 千克计，折合施纯氮 0.6～0.8 千克，氮、磷、钾比例以 1：（0.4～0.5）：（0.8～1）为宜。微肥以缺补缺，进行叶面喷肥，浓度为 0.1%～

0.3%。萌芽肥以氮、磷肥为主，氮肥施用量占全年施用量的20%；稳（壮）果肥以氮、钾肥为主，配合施用磷肥，氮肥施用量占全年施用量的40%～60%。

（3）生草增肥。分自然生草和人工种草两种。

自然生草，果园的杂草任其自然生长，保留良性草，如马唐、虱子草、虎尾草、狗尾巴草、车前草、蒲公英、荠菜、马齿苋、野苜蓿等，利用活的草层进行覆盖，再清除直立生长、茎秆易木质化的恶性草，如灰条、苘麻等，人为调节生草量及其高度（高度超过30厘米刈割1次）以防影响树体生长（图3-3）。土壤长年不耕翻。

图3-3　自然生草

人工种草则是在果园人工播种鼠茅草、黑麦草、紫云英等本地适宜的草种，维持多年后进行翻压，使地下草、地下根全部腐烂肥田（图3-4）。

图3-4　鼠茅生草

根据果园密度、树龄大小，可分别采用全园生草、行间生草、株间生草、单播或混播等生草方式。

3. 疏果 第一次生理落果后疏去病虫果、畸形果和密弱果等，第二次生理落果后根据适合叶果比疏果，早熟温柑为（30～35）：1、中晚熟温柑为（20～25）：1、椪柑为（60～70）：1。

（二）观赏盆栽栽培技术

1. 品种选择

（1）金橘。常绿灌木或小乔木，成枝力强，叶小而厚，1年开2～3次花。果小皮厚，有香气，是最常见的盆橘材料。常说的金橘包括山金柑、金枣、圆金柑、长叶金柑4种和金弹、四季橘等杂种，都适于盆栽。如采用花期控制法，可使其在元旦春节期间挂果着色，为家庭理想的观果花木。

（2）代代。常绿灌木，枝细长疏生，花白色，香气浓郁，采下焙干后用作熏制花茶。果扁球形，果皮当年冬季橙红色，第二年年夏季又逐渐变青，为盆栽观果理想材料。

（3）佛手。常绿小乔木，树冠开张，枝条稀疏交错，四季开花，果实形状奇特，紧握的拳头状或开展如手指状，果大，黄色，香气浓郁，观赏价值较高。

（4）柠檬。常绿小乔木，花紫色，叶色美观多变，嫩叶呈紫色，成熟叶为淡绿色，果实长球形或卵球形，果皮厚，具浓郁芳香，四季可开花结果，盆栽置于书房、客厅、会议室，倍添温馨情趣。

（5）红橘类。果实中等大，11～12月成熟，果皮光滑，鲜红色，成簇成串挂于绿叶之中，具有较高观赏价值。如苏州的早红、料红，黄岩的满头红橘，四川的万州红橘都属这一类。

（6）特早熟温州蜜柑。该类主要包括桥本、胁山、宫本、北口等品系，生长势弱，树冠矮小，成熟期特别早，国庆节后可上市。

（7）砧木品种。除枳外，推荐使用飞龙枳，为落叶性灌木状小乔木，抗旱耐涝，易于栽培，能促进树体矮化，提高抗寒力。其枝刺均弯曲，独具形态，是盆橘的优良砧木。

2. 上盆技术

（1）容器选择。根据苗木规格、造型需要选择大小、形状合适、透气性良好的容器（图3-5）。

（2）培养土的准备。40%的园土、30%的河沙、30%的木屑或稻草混合，每立方米外加厩肥50千克、饼肥10千克、复合肥1千克，堆沤腐熟。装盆时培养

图3-5 盆 栽

土应低于钵盆沿2～3厘米，以防浇水溢出，然后移栽橘苗。

（3）移栽。春季，将柑橘根系理顺舒展，剪去过长主根，栽后要随即浇透水，注意保持一定湿度。适当遮阳，1个月后可进行日常管理。

（4）换盆。盆栽柑橘一般2～3年换盆1次。将原盆翻转，用手扶着橘苗倒出原土，再移入新盆或缸中，压实浇透水，此后进行常规管理。

3. 肥水管理 上盆7～10天后开始施淡液肥，液肥以15%充分腐熟的菜饼水为原液，再稀释4～5倍后每盆浇500～700毫升，每隔5～7天浇1次，连续浇3次。在春、夏梢长2～5厘米和停梢时各追肥1次。7月底停施一切肥，以防抽发晚秋梢。当表土干至泛白时浇水，使盆土保持半湿润状态。结果期间水分供给要及时，务必浇透，盆土需保持湿润，否则会致使植株落果。

4. 整形修剪 1年生苗在10～15厘米处定干，在春梢中选留分配部位恰当的3个新梢，进行摘心，促发二次梢作为主枝培养。对其他部位抽发的春梢，要酌情疏芽或摘心；随时抹除夏梢，以免扰乱树形。已进入开花结果的盆栽橘树，应从5月开始抹芽，每周抹2次。对丛生或并生芽，应选留位置合适的1个芽，其余均抹去，同时要抹去横生枝或芽，凡有5片叶而无花的芽也要抹掉，以促进枝条充实健壮。这样既可提高结实率，又有利于培养树形。

（三）隔年交替结果技术

交替结果技术是目前在柑橘种植中正在示范推广的一项现代化省力、简化、高效的栽培种植模式。交替结果是让果树一年生产（结果）一年休闲（不结果）的管理生产模式，可以分为园间交替、行间交替、树间交替（插花式交替）和枝组交替（图 3-6）等几种方式。

图 3-6　枝组交替结果

（圈中枝组为休闲枝组）

1. 品种选择　早熟温州蜜柑、南丰蜜橘、本地早等宽皮柑橘及其杂交后代，普遍具有大小年结果现象，均适于进行交替结果栽培。

2. 休闲树管理　休闲树管理关键是新梢，要求通过彻底疏花疏果、施促梢肥和夏季修剪，为第二年生产（结果）年培养出健壮、长度和粗度合适的秋梢结果母枝。休闲树管理关键技术如下：

（1）疏花疏果。在结果年果实采收后，间隔 2 周连续喷施 1～2 次赤霉素 25～50 毫克/升＋机油乳剂 10 倍液可以有效降低结果母枝的花芽分化比率，然后在第二年盛花期喷施乙烯利 400～800 毫克/升，花后 1 周和花后 2 周喷施乙烯利200～800 毫克/升，花后 1～2 周喷施萘乙酸 600 毫克/升，均能达到完全疏除花果的效果。

（2）肥水管理。与普通果园不同的是，休闲园只需要在夏季修剪前 7～10 天施 1 次促梢肥即可。休闲园在夏季施促梢肥后，要根据天气情况及时灌溉，确保满足 7～8 月秋梢抽生期的水分需求。其他时期，除特别干旱外，均不需要进行灌溉。

（3）夏季修剪。在 6 月下旬至 7 月中旬进行修剪，树体长势较旺的宜晚些，树势衰老、营养状况较差的宜早些，6～7 月前期降水偏少宜修剪早些，越偏北则修剪时间宜早些。修剪时，宜疏剪和短截相结合。首先疏除位于树冠中上部直立枝组、树冠内密集枝组和位于树冠下部离地面 50 厘米以内的裙枝；然后，对树冠外围枝条整体进行回缩或短截，推荐使用大平剪或专业修剪机械，修剪量控制在叶片总量的20%～40%。

3. 生产树管理 结果树管理主要是果实，要求在保证产量的前提下，不抽或少抽生夏、秋梢，提高果实优质商品率。因此，肥水管理是关键。在花后1～2周施1次壮果肥即可，主要用于果实着果和膨大。生产年施肥量是保证果实产量和品质的关键，在保证生产树充分着果的基础上，施肥量的多少决定了果实大小和品质。株施复合肥1千克和过磷酸钙0.5千克。

三、病虫害防治

（一）常见病害

1. 溃疡病

（1）危害症状。叶片受害后，于叶背面出现黄色或暗黄色针头大小的油渍状斑点，并逐渐隆起，呈近圆形、米黄色的病斑（图3-7）。之后病部表面开裂，隆起更显著，并木栓化，逐渐形成表面粗糙、具微细轮纹、中央凹陷、呈灰白色或灰褐色的病斑。病斑周围有黄色或黄绿色晕圈，在紧靠晕圈外常有褐色的釉光边缘。后期病斑中央凹陷明显，似火山口状开裂。有时几个病斑愈合，形成不规则大斑。受害严重时，叶片早落，但叶片形状正常。

图3-7 溃疡病

（2）发病因素。

①品种。不同种或品种、品系柑橘对溃疡病菌敏感性存在明显的差异。通常橙类最感病，柚类其次，柑类和橘类（个别品种除外）较抗病，金柑则免疫。

②气候条件。一般多雨年份或季节发病严重。台风暴雨利于病菌的传播，还造成伤口和水膜，故台风暴雨易导致病害流行。夏、秋梢受害通常较春梢重。

③树龄和发育时期。低龄的柑橘树一般发病重。

④栽培管理措施。不合理施肥、虫害严重的果园，溃疡病常发生严重。

（3）防治措施。对苗木和幼树以保梢为主，在各次新梢萌发后20～30天、叶片刚转绿时各喷药1次，夏梢则在第一次喷药后7～10天再喷药1次；对成年树以保果为主，在花谢后10天、30天、50天各喷药1次。可选药剂有波尔多液（1∶2∶300）和77%氢氧化铜可湿性粉剂。台风过境后应及时喷药。

2. 炭疽病

（1）危害症状。炭疽病常引起大量落叶、落果、枝梢枯死和树皮爆裂，严重时可致整株死亡。果实贮运期也会引起大量腐烂。叶片有两种类型：叶斑型（慢性病）和叶枯型（急性病）。枝梢有两种类型：一种由梢顶向下枯死；另一种发生在枝梢中部，病部初为淡褐色，椭圆形，后扩展成梭形，稍凹陷，当病斑环割枝梢1周时，其上部枝梢很快干枯死亡。

幼果发病初期有暗绿色不规则病斑，病部凹陷，其上有白色霉状物或朱红色小液点，后成黑色僵果。大果受害有3种类型：干疤、泪疤和腐烂。苗木常从嫩梢顶端第一、第二叶开始发生烫伤状症状，以后逐渐向下蔓延，严重时整个嫩梢枯死。有时也会从嫁接口处开始发病，病斑深褐色，其上散生小黑点。

（2）发病因素。

①品种和树势。甜橙、芦柑、温州蜜柑及柠檬等发病较重，树势弱的发病严重。

②气候条件。夏、秋季高温多雨发病常较重。

③栽培管理。树势衰弱、不合理施肥加重发病。土质黏重、排水不良、修剪不合理的果园常发病严重。

（3）防治措施。修剪后在伤口处涂上1∶1∶10的波尔多浆，或70%甲基硫菌灵（或50%多菌灵）可湿性粉剂100～200倍液。在每次抽梢期喷药1次，幼果期喷药2次。有急性型病斑出现时，更应立即进行防治。有效的药剂有80%波尔多液可湿性粉剂、77%氢氧化铜可湿性粉剂600～800倍液、0.3波美度的石硫合剂、50%多菌灵可湿性粉剂600～700倍液等。

3. 疮痂病

（1）危害症状。疮痂病又称癞头疤、疥疙疤、钉子果。柑橘苗木和成年树的叶片和枝梢受害后引起嫩梢生长不良、畸形枯焦；受害果实表面粗糙，果小、味酸、品质低劣。叶片受害，初生油渍状黄褐色圆形小点，逐渐扩大为蜡黄色至黄褐色，后病斑木栓化隆起，病斑多向叶背凸出而叶面凹陷，形成向一面凸起的直径0.5～2毫米的灰白色至灰褐色圆锥形疮痂状木栓化病斑，形似漏斗（图3-8）。早期受害严重的叶片常焦枯脱落。天气潮湿时，病斑顶部长出一层粉红色霉状物。受害严重的叶片，多个病斑常连成一片，叶片生长受阻，叶面粗糙、叶片扭曲畸形，最后新梢生长停滞，叶片枯焦提早脱落。在温州蜜柑叶片上，病斑在后期常脱落成孔。新梢受害与叶片上病斑相似，但凸起不显著，病斑分散或连成片。新梢变得短小、扭曲。花瓣受害很快凋落。果实发病在果皮上散生或密生凸起病斑。幼果在落花后即可发病，初生褐色小斑，后扩大为黄褐色圆锥形木栓化瘤状凸起（图 3-9）。发病早而严重的幼果，常早期脱落。稍大的果实初期病斑极小，褐色，后变黄褐色木栓化的瘤状凸起病斑，严重时病斑连成一片，果小畸形易早落。果实长大后发病，病斑往往变得不太显著，但果小、皮厚、汁少。病果的另一症状是果实后期发病，病部果皮组织一大块坏死，呈癣皮状剥落，下面的组织木栓化，皮层较薄，久晴骤雨常易开裂。

图 3-8　疮痂病叶片表现状

图 3-9　疮痂病果实表现状

（2）发病因素。

①气候条件。发病适宜温度为 20～24℃，当温度达 28℃以上就很少发病。凡春天雨水多的年份或地区，春梢发病就重，反之则轻。

②寄主组织的老嫩程度。刚抽出而尚未展开的嫩叶、嫩梢及刚谢花的幼果最易感病。

③树龄及栽培管理。橘苗及幼树因梢多，发病较重，成年树次之，15 年以上树龄的柑橘发病很轻。修剪合理，树冠通风透光良好，施肥适当，新梢抽生整齐，墩高沟深，排水畅通的橘园发病轻。

④品种感病性。柠檬最感病，柚中度感病，甜橙类和金柑抗病性较强。早橘、本地早、温州蜜橘、乳橘、朱红橘、福橘等最易感病。

（3）防治措施。在春梢抽发期，梢长 1～2 毫米时喷第一次药，喷施 0.8％波尔多液以保护春梢；谢花 2/3 时喷第二次药，喷 0.6％波尔多液以保护嫩梢和幼果；10～15 天再次喷药，可喷 70％甲基硫菌灵可湿性粉剂 500～800 倍液，或 70％代森锰锌可湿性粉剂 500～800 倍液，或 50％多菌灵可湿性粉剂 1 000 倍液。

（二）常见虫害

1. 柑橘红蜘蛛

（1）危害症状。柑橘红蜘蛛又称柑橘全爪螨、瘤皮红蜘蛛（图 3－10）。叶片被害后，呈灰白色小斑点，严重受害时会引起落叶、落花、落果、树势削弱、产量降低。果实受害，不耐贮藏。

图 3－10　红蜘蛛

（2）形态特征。雌成螨体长 0.3～0.4 毫米，椭圆形，鲜红色。幼螨体长 0.2 毫米，初孵时淡红色，足 3 对。若螨形状色泽均同成螨相似，但个体略小，足4对。幼螨蜕皮则为前若螨，再蜕皮后为若螨，若螨蜕皮则为成螨。

（3）防治措施。花前用0.5～0.8波美度石硫合剂、95%机油乳剂100～200倍液、15%哒螨灵乳油1 500倍液防治；花后用57%炔螨特乳油1 500倍液、25%三唑锡可湿性粉剂1 500倍液、240克/升螺螨酯悬浮剂4 000～6 000倍液喷雾防治。

2. 柑橘锈壁虱

（1）危害症状。柑橘铁壁虱又称锈瘿螨、柑橘锈螨、锈蜘蛛、牛皮柑、黑炭丸、铜病等。危害严重时，叶片大量枯黄脱落，黑褐色，果小、味酸、皮厚，品质变劣，产量降低（图3-11）。

图3-11 锈壁虱

（2）形态特征。雌成螨体长0.1～0.2毫米，形似胡萝卜，前端宽大，后端尖削。初期淡黄色，后变橙黄色。卵圆球形，灰白色，透明，表面光滑。若螨初孵时乳白色半透明，蜕皮后变为淡黄色，形似成螨。腹部光滑无明显环纹，足2对。

（3）防治措施。局部发生时挑治中心虫株。当螨口密度达到每视野2～3头或发现个别树有少数黑皮果和个别枝梢叶片黄褐色脱落时，立即喷药防治。注意喷射树冠内部、叶背和果实的阴暗面。主要药剂参考柑橘红蜘蛛。

3. 柑橘红蜡蚧

（1）危害症状。柑橘红蜡蚧又称红蜡虫，以成虫和若虫群集枝梢、叶片、果梗上吸汁危害，并分泌蜜露诱发烟煤病，严重影响光合作用，致柑橘树势衰弱，产量降低（图3-12）。

图 3-12 红蜡蚧

（2）形态特征。雌成虫无翅，虫体紫红色，背面向上隆起近半球形，3 对足小而粗。雌成虫蚧壳半球形，暗红色，直径 3～4 毫米，高约 2.5 毫米，有 4 条白蜡带。雄成虫具半透明翅 1 对，后翅退化，体长约 1 毫米，翅展约 2.4 毫米，体暗红色。若虫共 3 龄，初孵若虫椭圆形，长约 0.5 毫米，扁平，红褐色，腹部后端有 2 根长毛。3 龄若虫长椭圆形，长近 1 毫米，蜡壳较厚，呈红色，雄的比雌的长（约 1.3 毫米）。前蛹和蛹的蜡壳长形，暗紫红色。

（3）防治措施。6 月上旬至 7 月上旬防治 1～2 龄幼蚧，药剂可选用 48%毒死蜱乳油 1 500 倍、40%杀扑磷乳油 3 000 倍、25%噻嗪酮可湿性粉剂 1 500 倍液；各药剂均可加入 99%机油乳剂 300 倍液，防效最佳。

4. 柑橘潜叶蛾

（1）危害症状。柑橘潜叶蛾又称绘图虫、绣花虫、潜叶虫，成虫产卵于嫩叶的中脉附近，幼虫蛀入叶片上、下表皮之间食害叶肉，造成迂回曲折、银白色隧道，使叶片卷曲硬化，导致新梢生长差，严重时秋梢受害率达 100%（图 3-13）；同时，幼虫为害造成的大量伤口有利于柑橘溃疡菌入侵，导致溃疡病大发生；受害后的卷叶也易成为卷叶蛾、红蜘蛛与黄蜘蛛等多种害虫的聚集和越冬场所。

（2）形态特征。成虫体长约 2 毫米，翅展 5.3 毫米，体和翅均为银白色。触角丝状，前翅尖叶形，缘毛较长，基部有 2 条近于平行的黑纹，近翅尖有一黑斑，斑前有一白点，后翅针叶形，缘毛很长；足银白色。卵椭圆形，长 0.3～0.6 毫米，无色透明，单产于叶主脉附近。幼虫黄绿色，无足，体扁平，梭形尖细，潜入寄主表皮下，老熟时体长约 4 毫米。蛹梭形、黄褐色，长约 2.8 毫米，化蛹于叶缘。

（3）防治措施。放梢后，芽长 3 厘米时开始喷第一次药，之后每隔 7～10 天

图 3-13 潜叶蛾

喷 1 次，连喷 2～3 次药。药剂可选用 2.5%溴氰菊酯乳油 2 500 倍液、20%氰戊菊酯乳油 2 000 倍液、10%氯氰菊酯乳油 2 000 倍液、20%灭幼脲悬浮剂 2 500 倍液、2.5%氟氯氰菊酯乳油 2 500 倍液。

5. 橘小实蝇

(1) 危害症状。橘小实蝇又称东方果实蝇、黄苍蝇、果蛆、金苍蝇，被我国列为国内外的检疫对象。幼虫在果内取食为害，常使果实未熟先黄脱落，严重影响产量和质量（图 3-14）。

图 3-14 橘小实蝇危害状

(2) 形态特征。成虫体长 7～8 毫米，全体深黑色和黄色相间。胸部背面大部分黑色，但黄色的 U 形斑纹十分明显。腹部黄色，第一、第二节背面各有 1

条黑色横带，从第三节开始中央有1条黑色的纵带直抵腹端，构成一个明显的T形斑纹。雌虫产卵管发达。老熟幼虫体长10～11毫米，圆锥形，头端小而尖，尾端大而钝圆，共11节。黄白色，口钩黑色。卵长约1毫米，长棱形，乳白色。蛹长5毫米，椭圆形，淡黄色，身体两端具前、后气门痕迹。

（3）防治措施。

①诱杀成虫。

红糖毒饵：在90%敌百虫乳油1 000倍液中加3%红糖，制得毒饵喷洒树冠浓密荫蔽处。每隔5天喷1次，连续喷3～4次。

甲基丁香酚引诱剂：将浸泡过甲基丁香酚（即诱虫醚）加3%马拉硫磷或二溴磷溶液的蔗渣纤维板小方块悬挂树上，每平方千米50片，在成虫发生期，每月悬挂2次，可将小实蝇雄虫基本消灭。

水解蛋白毒饵：取酵母蛋白1千克、25%马拉硫磷可湿性粉3千克，兑水700千克于成虫发生期对树冠喷雾防治。

②地面施药。于实蝇幼虫入土化蛹或成虫羽化的始盛期用50%马拉硫磷乳油、或50%二嗪磷乳油1 000倍液喷洒在果园地面，每隔7天喷1次，连续喷2～3次。

（三）综合防治技术

1. 人工防治　利用鳞翅目幼虫群集的习性，人工摘除有虫叶，傍晚敲打树干，振落有假死性的金龟子等害虫并捕杀，人工钩杀天牛、金针虫等蛀干害虫幼虫。

2. 农业防治

（1）清园。加强春、冬两季清园工作，清除田间的残株败叶、枯枝落叶、枝干翘皮及杂草等。

（2）修剪。去除虫梢、病虫枝叶、枯死枝，疏除过密枝、徒长枝、交叉枝等。

（3）秋冬深翻。可采取全园深翻或局部深翻或两者相结合的方法进行防治。全园深翻的翻土深度从主干向外逐渐加深，树冠下部以20厘米左右为宜，树冠外围应加深至30～50厘米。局部深翻的在主干到树冠外围滴水线的中部开始向外深翻，深度在30～40厘米。

（4）合理施肥与灌溉。结合秋冬深翻，施用堆沤发酵好的有机肥。选择晴天的上午，适时喷、滴灌溉。

3. 物理防治　主要推广黑光灯、色板、性诱剂等诱杀技术以及套袋、防虫网等阻隔技术（图3-15至图3-17）。

4. 生物防治　春末夏初释放捕食螨，防治螨类危害；5～7月释放花绒寄甲、肿腿蜂等防治天牛等蛀干害虫（图3-18）。应用昆虫性信息素、生长调节剂、生物农药等防治。

图3-15　黑光灯诱杀

图3-16　色板诱杀

图3-17　性信息素

图3-18　捕食螨

5. **化学防治**　关键是把握防治时间，防治病害抓住病原菌的传播期、侵染期，防治虫害抓住卵孵高峰期。避开天敌发生期，选择晴好天气施药。

附　柑橘生产管理月历

时间	物候期	栽培措施	病虫害防治
1月	花芽分化期，休眠期	防冻；修剪	施石硫合剂1～2次
2月	花芽分化期，幼芽开始萌动	施肥；定植	喷70%甲基硫菌灵可湿性粉剂1 000倍液防疮痂病

（续）

时间	物候期	栽培措施	病虫害防治
3月	花芽分化期，春梢开始生长	继续定植；追氮肥催春梢；嫁接育苗；高接换种；修剪；处理受冻树	喷50%多菌灵可湿性粉剂800倍液防树脂病；70%甲基硫菌灵可湿性粉剂200倍液结合凡士林涂抹大锯口
4月	花蕾期	保花保果	春梢抽出后20～30天，喷药防治溃疡病；施2.5%氟氯氰菊酯水乳剂1 500倍防治潜叶甲
5月	开花期，幼果期	抹芽控梢	花落2/3时，喷药防治疮痂病；24%螨威悬浮剂6 000倍液防治红蜘蛛；释放天敌防治天牛
6月	果实膨大期，夏梢开始生长	抹芽控梢；追施壮果肥	谢花后10天、30天、50天各喷药1次，防溃疡病；施48%毒死蜱乳油1 000倍液防治红蜡蚧；防治螨类；人工捕捉天牛
7月	果实膨大期，夏梢生长期	控梢；抗旱	释放天敌防治天牛；防治锈壁虱、介壳虫
8月	果实膨大期，秋梢开始生长	放梢；抗旱；根外追肥	人工捕捉天牛；防治锈壁虱、红蜘蛛、潜叶蛾等
9月	部分品种进入成熟期，秋梢生长期	采收；深翻改土；吊枝、撑枝护果	施70%丙森锌可湿性粉剂600倍液防治果梗炭疽病；在闷热夜晚进行捕杀，糖醋液诱杀；吸果夜蛾；柑橘采收前30天用药防治吸果夜蛾；人工捕捉天牛；防治锈壁虱、红蜘蛛、潜叶蛾等
10月	果实成熟期，秋梢生长期	采收；采后施肥；新园挖定植穴（沟）；控晚秋梢	
11月	果实成熟期；花芽分化期	采收；采后施肥	贮藏保鲜
12月	果实成熟期；花芽分化期，休眠期	防冻；采收；培土	石硫合剂清园；涂白

第四讲 水蜜桃高效栽培技术

水蜜桃一般树高3～4米，干性弱，树冠开张。幼树生长旺盛，1年生长枝达1米以上。芽具有早熟性，树冠形成快。开始结果早，但寿命较短，定植2～3年开始结果，6～7年达盛果期，15～20年后渐入衰老期，只有较少的果园在树龄25～30年还能保持高产量。水蜜桃营养丰富，蛋白质含量比苹果、葡萄高1倍，比梨高7倍，铁的含量比苹果多3倍，比梨多5倍，富含多种维生素，其中维生素C含量最高。除此之外，还有美肤、清胃、润肺、祛痰等功效。

一、建园与栽植

（一）环境条件要求

1. **温度** 水蜜桃喜温和气候，一般在年平均气温8～17℃，生长期平均气温13～18℃的地区均可栽培。生长适温为18～23℃，果实成熟适温为24.5℃，夏季土温高于26℃，根系生长不良。冬季在－25～－22℃时即发生冻害。

2. **降水** 水蜜桃对水分敏感，缺水或水分过多，都易引起落果。整个生育期需要足够的水分供给，但又不耐水涝。

3. **光照** 水蜜桃喜光，对光照反应敏感：光照不足影响花芽分化，树冠内部光秃，结果部位上移。但夏季直射光过强，可引起枝干日灼，影响树势。

4. **土壤** 水蜜桃在土质疏松、排水良好的沙壤土或沙土地上栽培较好。一般水蜜桃要求的土壤含氧量在15%左右，土壤过于黏重易发生流胶病。最适合的土壤pH为5.5～6.5，pH 7.5以上的碱性土中易发生缺铁性黄叶病。水蜜桃在土壤含盐量高于0.28%时易生长不良或死亡。水蜜桃栽培忌重茬。

（二）建园技术

1. **果园选址** 水蜜桃树耐旱怕涝，果实不耐贮藏，生产上宜选择在交通方便，背风向阳，地势高爽，土壤疏松、肥沃，通透性良好，排灌方便，富含有机质，地下水位低于80厘米，最好在3年内未种植过核果类果树，pH 5.5～6.5

的微酸性沙壤土或沙砾壤土上建园，低丘坡地应修筑梯田。忌在重茬地、黏土地及低洼地上建园，最好选新开发地或与其他果树轮作。

2. 建设标准 应首先搞好园地规划和设计，规划时应该根据经济利用土地面积的原则，尽量提高水蜜桃占地面积，控制非生产占地比例。

(1) 土地规划。桃树面积应占总面积的80%，防护林占5%，道路占5%，苗圃、房屋、包装场、农具室、养蜂场、水池等5%，绿肥区占5%。大桃园适当划分成多个小区。小区形状应采用长方形，长度与宽度之比一般为(2～5)∶1。在山地、小区长边则必须与等高线平行。

(2) 道路规划。主路宽度5～7米，要求位置适中，贯穿全园，能通过大型货车，便于运送产品和肥料。干路宽4～5米，要求能通过小型汽车、板车和机耕农具。支路宽1～1.5米，主要为人行道，要便于通过小型喷雾器。

(3) 果园建筑物的配置。大型果园中要求配置管理用房、贮藏室、农具室、包装场、晒场、药物准备场及休息处等。

(4) 防护林。桃树的抗风力差，桃园的迎风面要设置防护林，防护林常选用杉树、马尾松、华山桃、樟树、枇杷等乔木树种。

(5) 排灌系统。排灌系统应尽量根据小区形态和水源位置，并结合道路、防护林的规划来统筹设计，以免浪费土地和妨碍交通。地下水位高的地方应高畦栽植。畦中心高，两侧低，呈鱼背状，以利排水。易积水的畦面，应开深沟，并在桃园四周开宽1～2米、深1～1.5米的总排水沟。

(三) 栽植技术

1. 株行距 一般平地株行距为4米×4米，即每亩栽植40～50株；山地株行距为3米×4米，即每亩栽植50～60株。

2. 种植时间 水蜜桃于秋季桃树落叶后，春季萌芽前均可栽植，一般为12月至第二年2月。

3. 定植技术 栽植前应将园地内的杂草、树桩、碎石等清除干净，深翻熟化，深翻60～80厘米，耙碎平整，以改良土壤结构，提高土壤肥力，以后每年深翻扩穴1次。水蜜桃一般采用南北向定植。

(1) 定植穴准备。定植穴一般要求直径和深度均为60～80厘米，不过土质疏松者可浅些，而下层有胶泥层、石块或土壤板结者应深些。土壤条件越差，定植穴的质量要求越高，尤其是深度至少要达到60厘米以上。

①挖穴。应以栽植点为中心，挖成圆形穴或方形穴，挖出表土应与底土分别堆放于栽植穴的两侧（图4-1）。

②填土。栽植桃树前，先将表土与基肥混合填入，边填边踏实。填土离地面约30厘米时，将填土堆成馒头形状踏实，覆一层底土，使根系不至直接接触肥料而受到伤害。填地后有条件的地方可先浇水再栽树。

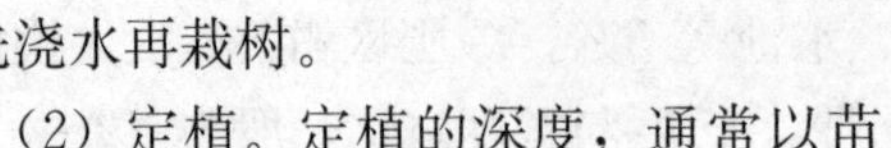

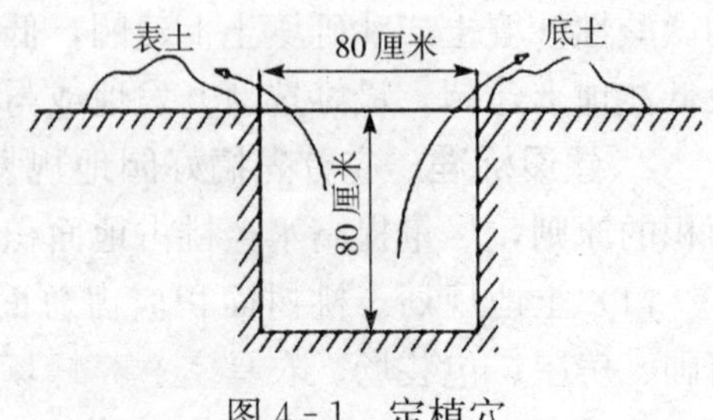

图4-1 定植穴

(2) 定植。定植的深度，通常以苗木上的地面痕迹与地面相平为准，并以此标准调整栽植深浅，栽植深浅调整好以后，苗木放入穴内，接口朝向主要有害风向。将根系舒展，向四周均匀分布，尽可能不使根系相互交叉或盘结，并将苗木扶直，左右对准，使其纵横成行，然后填土，边填边踏实边提苗，并轻轻地抖动，以便根系向下伸展，与土紧密接触。填土至地平，做畦，浇水。

(3) 定植后的管理。幼树抗逆性较弱，定植后，环境条件突然改变，需要一段适应时间，因此定植后2～3年的管理水平对于保证桃树成活和早结果、早丰产至关重要，不可轻视。

①及时灌水。虽然桃树比较耐旱，但为了早产、丰产还是需要及时灌水，促进早成形、开花结果。

②及时修剪。为减少蒸腾量，有利于安全越冬，常在12月严冬前完成修剪。

③防寒越冬。垒土埂、覆地膜或者埋土，均可提高小树的越冬能力。

二、优良品种推荐

(一) 早熟品种

1. 晖雨露 本品种由江苏省农业科学院园艺研究所将朝晖与雨花露杂交育成，1994年通过江苏省农作物品种审定委员会审定（彩图26）。树势强健，树形开张。有花粉，量多，坐果率高，早果丰产。果实圆形，两半对称，平均单果重124克，最大单果重174克，果皮乳黄色，有玫瑰红晕，色泽艳丽，果肉乳白色，柔软，风味甜。6月上旬成熟。

2. 霞晖1号 本品种是由江苏省农业科学院园艺研究所将朝晖与朝霞杂交选育而成的特早熟优质水蜜桃品种（彩图27）。果实圆形，平均单果重150克，最大单果重265克，果皮乳黄，顶部有玫瑰红晕。果肉乳白，柔软多汁，风味甜，香气浓。果实发育期68天左右，于6月上旬成熟。该品种果实圆形、外观美丽，风味甜、香气浓，耐贮性好，适应性较广，产量中等。现已被上海、浙江、安徽、山东等14个省（直辖市）引种，在江苏、湖北、福建、江西等省份引种发展种植。

3. **雨花露** 本品种果形较大，平均果重125克，长圆形，底色乳黄，果顶有淡红细斑点，果肉乳白色，柔软多汁，香气浓，风味甜，含可溶性固形物11.8%，半离核（彩图28）。6月16日前后成熟。

（二）中熟品种

1. **白凤** 本品种果实中等大，圆形，略扁；腹部稍凸，两半不对称，果顶圆；平均果重150克，最大果重250克；果皮乳白，稍带黄绿，有红晕，色泽艳，美观（彩图29）。果肉质细，汁液多，味甜，香气浓。无锡地区7月上中旬成熟。粘核，品质优良。

2. **湖景蜜露** 本品种果实圆球形，平均果重150克，有的横径大于纵径，果顶略凹陷，两半对称（彩图30）。果皮乳黄，近缝合线处有淡红色，皮易剥离。果肉与近核处皆白色，肉质细密，柔软易溶，纤维少，甜浓无酸，可溶性固形物12%～14%，品质上等。7月中下旬成熟。因其成熟在白凤采收以后，故在无锡当地称其为晚白凤。果实大，外观漂亮，商品性好，粘核，易剥皮，肉质柔软、口感好，富有香气，风味甜，一般可溶性固形物能达到14%以上。

3. **阳山蜜露** 本品种系阳山镇在白花桃中发现的自然变异（彩图31）品种。果形圆，稍扁，缝合线浅，两半对称，顶部平或微凸。平均单果重230克，最大果重超过450克；果皮底色乳黄，阳面有红晕，果肉乳白色，果皮易剥离。近核处紫红色，粘核。风味甜，可溶性固形物13%～16%，汁液多，香气浓，品质优良。7月下旬至8月上旬成熟。本品种对流胶病的抗性较强。

（三）晚熟品种

1. **白花** 本品种果实大，长圆形，果顶尖平，平均果重150克，最大果重超过350克（彩图32）。果皮乳白，稍带红晕或条纹。果肉乳白色，腹部及近核处有红色，果肉硬，致密。汁液多，果味香甜，粘核。耐贮运，品质优良。8月上旬成熟。

2. **迟圆蜜** 本品种果实卵圆，平均单果重181克（彩图33）。果皮乳黄色，着少量粉红色细点，皮强韧，易剥离。果肉白色，较致密，汁液多，香气浓，风味浓甜，可溶性固形物含量14.8%。8月底果实成熟。

三、生产管理技术

（一）土肥水管理

1. 土壤管理

（1）改良土壤。水蜜桃树改良土壤主要有两方面：一是在9月进行深翻扩穴或扩沟，一般深60厘米左右，常结合施入有机肥进行；二是压土掺土，在秋末冬初，黏土掺沙，沙土地掏沙石换土改良土壤。

（2）间作。间作在1～3年生树冠尚未交接的水蜜桃园中进行。间作物选择豆类、瓜类、薯类、草莓、花生等作物；而绿肥选用紫花苜蓿、蚕豆等，既可充分利用空间，获得较高的经济效益，也可培肥改良土壤。

（3）耕作制度。精耕管理的果园要经常中耕除草，常年保持地面疏松无杂草状态。一般早春灌水后中耕深8～10厘米，硬核期浅耕深约5厘米，雨季前将草除尽。果实采收后全园中耕除草深5～10厘米，秋季全园深耕20～25厘米。覆草桃园常年保持覆草厚度15～20厘米，4～5年翻地1次，结合秋施基肥，将草埋入地下再盖新草。幼树采用行间地膜覆盖，而成年树采用全园地膜覆盖。对土壤水分较好的桃园实行生草法。在关键时期应注意补充肥水，刈割青草，将草的高度控制在30厘米以下，割下来的草覆盖树盘。

2. 基肥肥料选择与用量　桃树枝梢生长迅速，果实发育期较短，基肥更加重要（图4-2）。基肥是桃树一年中利用时间最长、数量最多的肥料，肥效可维持5～10个月。一般在果实采收后的早秋施基肥，不宜晚于9月，早熟品种8月下旬就要施基肥。基肥以迟效的有机肥为主，氮、磷、钾全面配合，占全年施肥

图4-2　施基肥

量的60%～70%，尤其是特早熟、早熟桃基肥量应占全年施肥量的70%～80%，中晚熟品种占60%～70%。一般施入充分腐熟的农家肥4 000～5 000千克/亩，过磷酸钙150千克/亩，同时加入尿素10～15千克/亩。施肥方法可采用条状沟施肥法，株行距较大的幼龄园采用环状沟施。施肥沟深30～40厘米，以达到主要分布层为宜。高密度植园采用全园施肥法。将肥料均匀撒于地面，然后耕翻、浇水。

3. 追肥技术 由于基肥发挥作用较平稳而缓慢，在桃树生长期内，还需及时追施适量的速效肥。追肥次数、时期和氮、磷、钾三要素用量等需据水蜜桃的品种、树龄、树势、结果量以及土壤条件而定。

（1）壮果肥。一般在早熟品种果实膨大、中晚熟品种进入硬核末期，各品种成熟采收前15～20天，追施1次速效肥，以钾肥为主，促进果实发育和枝条充实，以利于花芽分化。用量因品种而异，早熟品种氮、磷肥可少施或不施，钾肥应占全年的30%；而晚熟品种氮肥15%～20%、磷肥20%～30%、钾肥40%，一般每株施复合肥1～2千克，树势旺的可少施。

（2）采果肥。桃因结果消耗大量养分，为使树势及时恢复，果实采收前后必须施1次以速效氮肥为主的采果肥，促进叶片机能活跃，增加营养积累。采果肥用量不宜过多，一般占全年施肥量的15%～20%，每株施碳酸氢铵1～2千克；早、中熟品种可采后立即施用，晚熟品种应在采前10～15天施用。旺树可少施或不施。

追肥方式除土壤施肥外，也可以进行根外追肥，根外追肥方法简单，见效快，可满足桃树对养分的急需，可单独施用或结合病虫防治进行叶面喷施。一般选用尿素0.2%～0.3%、磷酸二氢钾0.2%～0.3%、稀释200倍的高效植物营养液或农用稀土0.06%等。

4. 施肥方法 根据桃根系分布和树冠大小，把肥料施在桃树根系分布密集层稍深、稍远的地方，以利根部吸收和根系向纵深扩展，一般在树冠外围滴水线处施为好。方法主要有沟施、穴施、全园撒施和灌溉式施肥等。目前常用沟施法，此法又分为环状沟施、条状沟施和辐射状沟施。

5. 水分管理 萌芽前、开花后、硬核期是水蜜桃需水量最多的3个时期，尤其早春开花前后果实第二次迅速生长期，必须有充足的水分供应。遇高温干旱要进行灌溉，在干旱缺水时，2～3天轻灌1次。雨季做好排水工作，及时清理排灌沟，如淹水超过24小时，就会造成根系严重损伤，淹水超过3天，就会导致植株死亡。有条件的地方可安装滴灌、微喷灌等节水灌溉设施，并应根据不同品种、树龄在各个物候期对水分的需求，结合土壤、气候等特点确定灌溉、排水的时间和量。

（二）整形修剪

1. 树形选择 根据桃树的生长特性，桃树树形多采用适应性较强的三主枝自然开心形，通常留3个主枝，不留中心干（图4-3）。该树形整形容易，树体光照好，易生产。成年树高度维持在2.5～3米，干高30～50厘米，主干以上错落着生3个主枝，相距15厘米左右。主枝开张角度40°～60°，第一主枝角度60°，第二主枝略小，第三主枝开张40°左右。三大主枝在水平方向呈120°角延伸，主枝弯曲延伸。每主枝留2个平斜生侧枝，开张角度60°～80°。各主枝上第一侧枝顺一个方向，第二侧枝着生在第一侧枝的对面。第一侧枝距主枝基部50～70厘米，第二侧枝距第一侧枝50厘米左右。在主侧枝上培养大、中、小型枝组。

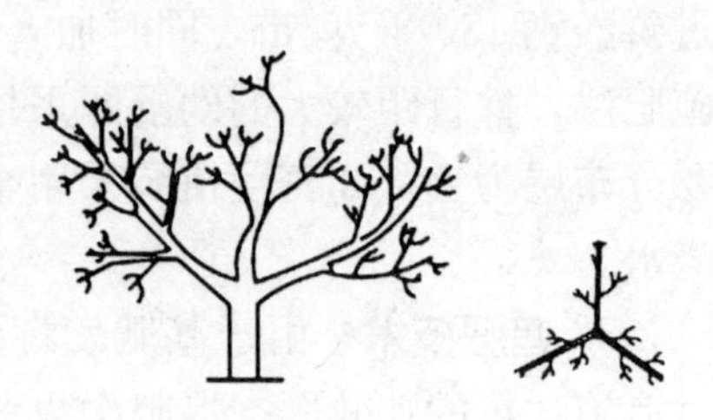

图4-3 三主枝开心形

2. 整形技术 水蜜桃树形较直立，整成三主枝改良开心形树形。具体整形方法：定植当年定干高度60～70厘米，剪口下15～30厘米为整形带，带内留5～7个饱满芽。春季萌芽后抹去整形带以下的芽，在整形带上选留4～5个新梢（图4-4）。

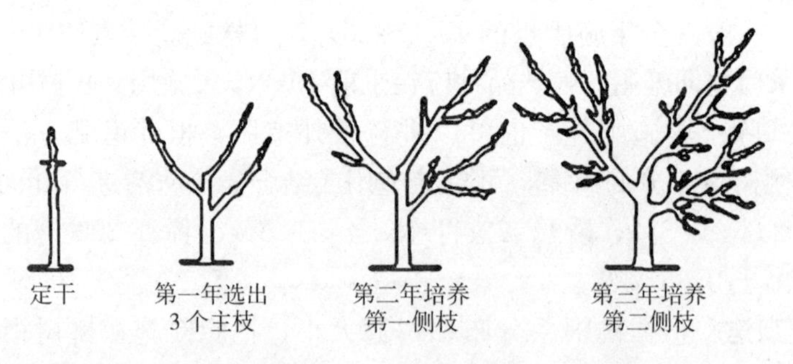

图4-4 整形过程

当新梢长到30～40厘米时，选3个生长健壮、相距15厘米左右、方位角为120°的新梢作为主枝培养。其他枝条拉平缓放。第一年冬剪时，留作3个主枝的1年生枝剪留60～70厘米。春季萌芽后，在顶端选择健壮外芽萌发的新梢作主枝的延长梢，同时在延长梢下部选择方位、角度合适的新梢培养第一侧枝。第二年冬剪时，3个主枝延长枝剪留50～70厘米，第一侧枝剪留40～50厘米。春季萌芽后，继续选留主枝延长枝，同时在延长枝下部、第一侧枝的另一侧选择新梢培养第二侧枝。第三年冬剪时，主枝延长枝继续剪留50～60厘米，侧枝延长枝剪留40厘米左右。春季萌芽后继续重复以上操作。每年生长季，主枝或侧枝的延长枝达60～70厘米时，剪梢，并在发出的副梢中选择角度张开、健壮的代替原头。整形过程中，在主侧枝上培养大、中、小型枝组，并使枝组在骨干枝上分布均匀。第四年冬剪时，树形基本形成。

3. 修剪技术

（1）结果枝修剪。结果树的修剪分初果期和盛果期。初结果树长、中果枝多，花芽着生节位偏高、偏少，结果枝适当长留、多留，以缓和树势，此外，也可利用副梢结果。盛果期树结果枝修剪主要是短截修剪，也可采用长放修剪，亦称长梢修剪，就是在骨干枝和大型枝组上每15～20厘米留一结果枝，结果枝剪留长度45～70厘米，总枝量为短截修剪的50%～60%。更新方式为单枝更新。长梢修剪技术应用于3个方面：一是以长果枝结果为主的品种，疏除过多的细弱结果枝、强壮枝，选用部分健壮或中庸的结果枝缓放或轻剪；二是应用于中、短果枝结果的品种，先利用长果枝长放，促使其上长出中短枝，再利用中、短果枝结果；三是应用于易裂果品种。通过长梢修剪，使果实在长梢中上部结果，使长果枝下垂，缓和果实的生长速度，减轻裂果。

（2）生长季修剪。水蜜桃生长季修剪一般适用于幼树、旺树，每年修剪3～4次，盛果期3次（图4-5）。

图4-5　生长期修剪

①春季修剪。春季修剪在坐果后进行，主要内容包括抹芽、疏梢。除去过密、内膛徒长、剪口下竞争的无用芽或新梢；选留、调整骨干枝延长梢；冬剪时长留结果枝，前部未结果的缩剪到有果部位；未坐果的果枝疏除或缩剪成预备枝。

②夏季修剪。水蜜桃夏季修剪一般进行2次。第一次在新梢旺长期进行。主要内容是对竞争枝疏除或扭梢。疏除细弱枝、密生枝、下垂枝，以改善光照，节省营养。旺长枝、准备改造利用的徒长枝可留5～6片叶摘心或剪梢。骨干枝、延长枝达到要求长度时剪主梢留副梢，对其他新梢长到20～30厘米时摘心。第

二次夏剪在6月下旬至7月上旬进行，控制旺枝生长，对尚未停止生长的枝条捋枝、拉枝，但修剪量不宜超过全年修剪量的30%。

③秋季修剪。秋季修剪在8月上中旬进行。疏除过密枝、病虫枝、徒长枝。对摘心后形成的顶生丛状副梢，将上部副梢剪掉，留下部1～2个副梢，以改善光照条件，促进花芽分化和营养积累。同时拉枝调整骨干枝角度、方位长势。对尚未停止生长的新梢摘心，促使枝条充实，提高防寒力。

（3）休眠期修剪。水蜜桃休眠期修剪最好在最寒冷的1月过后进行（图4-6）。休眠期修剪可调整骨干枝的枝头角度和生长势。骨干枝角度小时，留外芽或利用背后枝换头。骨干枝延长枝生长量小于20厘米时，选择长势和位置合适的抬头枝代替。各主枝之间采取抑强扶弱的方法，保持各主枝之间的平衡。休眠期修剪可实现结果枝的更新复壮，在结果枝下部注意培养预留枝，采用单枝更新法使结果枝组靠近骨干枝（图4-7）。

图4-6 休眠期修剪前

图4-7 休眠期修剪后

结果枝组以圆锥形为好，当枝组出现上强下弱时，及时疏除上部强旺枝；结果枝组枝头下垂时，及时回缩到抬头枝处。一般修剪后的结果枝枝头之间距离为10～20厘米。休眠期修剪可保持树体生长势的均衡。对不能利用的徒长枝、细弱枝及时疏除。

（三）花果管理

1. 疏花（蕾）技术

①疏蕾时期。3月下旬进行疏蕾，即在开花前4～5天最适宜。

②疏蕾方法。用手抹去蕾顶向上（包括直上及斜上）的花蕾及枝条顶部和基

部的花蕾，在枝条中部附近留向下或斜下方的花蕾（图 4－8）。

图 4－8　疏　花

③疏蕾程度。根据树势强弱、树龄长短适当调整，成年树、树势弱的一般可适当多疏，幼年树、树势强的一般可少疏。长果枝留 15～20 朵，中果枝留 8～10 朵，短果枝则在枝条中上部留 3～4 朵即可。长度超过 70 厘米的长果枝一般有徒长倾向，可以适当多留些花蕾。

④疏花。开花至落花期，对疏蕾没到位、留花过多的地方进行疏花。

2. 疏果技术

①疏果时期。水蜜桃坐果率高，必须进行疏果，控制留果量。疏果可分为 2 个时期：第一次在盛花期后 2～3 周疏果，一般在 4 月下旬至 5 月上旬，主要疏除着生密集、发育不良的果实；第二次疏果可以基本定果，在盛花后 40～50 天进行，主要疏除结果部位不佳的小果、病果、虫果、畸形果、机械损伤果。

②疏果方法。为保证质量，谢花后 2 周，能辨认出大小果时进行疏果（图4－9）。

图 4－9　修枝疏果

短果枝选择枝条的顶端部位留果，中、长果枝一般选择在枝条的中间部位留果。从整个树体果实分布看，树冠上部留果量可占留果总量的60%～65%，树冠下部留果量可占留果总量的35%～40%。疏果时成年树早疏，幼龄树后疏，要先上后下，先内后外，枝枝疏果。

③定果。按叶果比（50～70）：1进行定果，树势强适当多留果，树势弱应早疏多疏。根据结果枝长短留果：长果枝（≥30厘米）留1～2个果，中果枝（15～30厘米）3根留2个果，短果枝（≤15厘米）4根留1个果。盛果期树产量控制在30.0～37.5吨/公顷（每公顷留15万～18万个果）。

3. 套袋技术 为提高果品质量，疏果后进行果实套袋（图4-10）。

图4-10 套 袋

（1）纸袋选择。水蜜桃套袋用的纸袋应根据园内树势状况、生产目标、经济能力合理选择。

（2）套袋时期。水蜜桃在盛花后30天内定果套袋；套袋时间应在晴天上午9～11时和下午2～6时为宜。

（3）套袋方法。套袋前将整捆果袋放于潮湿处，使之返潮、柔韧。选定幼果后，小心地除去附着在幼果上的花瓣及其他杂物，左手托住纸袋，右手撑开袋口，或用嘴吹开袋口，令袋体膨起，使袋底两角的通气放水孔张开。手执袋口下2～3厘米处，袋口向上或向下，套入果实。套上果实后使果柄置于袋的开口基部（勿将叶片和枝条装入袋子内），然后从袋口两侧依次按折扇方式折叠袋口于切口处，将捆扎丝扎紧袋口于折叠处，于线口上方从连接点处撕开，将捆扎丝反转90°，沿袋口旋转1周扎紧袋口，使幼果处于袋体中央，在袋内悬空，以防止袋体摩擦果面，不要将捆扎丝缠在果柄上。套袋时用力方向要始终向上，以免拉掉幼果，用力宜轻，尽量不碰触幼果，袋口也要扎紧，以免害虫爬入袋内危害果实和纸袋被风吹落。

另外，树冠上部及骨干枝背上裸露果实应少套，以避免日烧病的发生。套袋顺序为先上后下、先里后外。桃园每亩的平均套袋数量为 6 500 个左右。

摘袋时期依袋种、品种不同而有较大差别。桃摘袋的时间，双层袋采前15～20天除外层袋，单层袋撕开袋体，采前 7～10 天全部除袋。一天中适宜除袋时间为上午 9～11 时，下午 3～5 时，上午除南侧的纸袋，一定要避开中午日光最强的时间，以免果实受日灼。摘除双层袋时先沿袋切线撕掉外袋，待 5～7 天后再摘除内层袋；除单层袋时，首先打开袋底通风或将纸袋撕成长条，几天后即除掉。

（四）病虫害防治

病虫防治应采取“预防为主，综合防治”的策略，以改善园地生态环境，加强栽培管理为基础，综合应用各种防治措施，优先采用农业防治、生物防治和物理防治措施，配合使用高效、低毒、低残留农药，提倡使用无公害的生物农药，禁止使用高毒、高残留的化学农药，以保证果品质量。

1. 主要病害防治 水蜜桃常见的病害有流胶病、褐腐病、炭疽病等，其防治措施如下：

（1）流胶病。该病主要侵害大枝和主干，5～9 月为发病高峰期，可用 50%多菌灵可湿性粉剂 800 倍液或 70%甲基硫菌灵可湿性粉剂 800 倍液防治（图 4－11）。

图 4－11 流胶病

（2）褐腐病。该病主要侵害叶、花和果实，发病期在 6～7 月，可用 70%甲基硫菌灵可湿性粉剂 800 倍液防治。

（3）炭疽病。该病主要侵害叶片、枝梢和果实，发病期有 2 次，分别为 4 月中下旬和6月中下旬，可用25%溴菌腈可湿性粉剂800倍液或50%多菌灵可湿性粉剂800倍液防治（图4-12）。

图4-12 炭疽病

2. 常见虫害防治 虫害主要有桃小食心虫、桃蚜、桃蛀螟、桃红颈天牛等。其防治措施如下：

（1）桃小食心虫。该害虫主要侵害枝梢和果实，6月为发病高峰期，可用40%毒死蜱乳油1 500倍液或2.5%高效氟氯氰菊酯（图4-13）。

图4-13 桃小食心虫

（2）桃蚜。该害虫主要侵害果实，早春桃芽萌动、越冬卵孵化盛期至低龄幼虫发生期是防治桃蚜的关键时期。可用5%啶虫脒·高效氯氰菊酯乳油1 000～1 500倍液、2.5%高效氟氯氰菊酯乳油1 000～1 500倍液或5%氯氰菊酯乳油3 000～4 000倍液防治（图4-14）。

图4-14 桃 蚜

（3）桃蛀螟。该害虫幼虫可以在寄主上越冬，发病高峰集中在6～7月，应及时摘除虫果，利用黑光灯和糖醋液进行诱杀，或使用2.5%氟氯氰菊酯乳油2 000倍液或48%毒死蜱乳油1 500倍液进行灭杀（图4-15）。

图4-15 桃蛀螟

（4）桃红颈天牛。该害虫一般以幼虫蛀干危害，从4月初开始发病，5～10月为高峰期，常采用人工捕捉成虫、用铁丝刺杀幼虫、树干涂白或者药物防治，常采用56%磷化铝片剂塞入虫道，再用泥土封口进行熏杀（图4-16）。

图 4-16 桃红颈天牛

3. 综合防治技术 病虫害防治首先要做好冬季清园工作，结合冬季修剪，及时清除病枝、病叶；立冬前后进行树干涂白；在萌芽前和谢花后喷药是防治病虫害的关键。早春萌芽前喷 3～5 波美度的石硫合剂，可防治黑星病、褐腐病、炭疽病、缩叶病等病害和叶螨。花前喷 70%代森锰锌可湿性粉剂 1 500 倍液，可防治蚜虫、介壳虫、褐腐病、炭疽病。谢花 80%至始熟期喷 10%苯醚甲环唑可湿性粉剂 1 500 倍液或 25%溴菌腈可湿性粉剂 600 倍液等，10～15 天喷 1 次，对桃疮痂病、穿孔病、褐腐病、炭疽病有特效。喷 10%氯氰菊酯乳油 1 000 倍液加 25%噻嗪酮可湿性粉剂 1 000 倍液，可防治桃蛀螟、桃小食心虫、小绿叶蝉。同时喷叶面肥，提高坐果率，促进果实膨大，提高品质。采收后剪除产卵树梢，喷施常用杀虫剂。喷药时以优选无公害农药，特别是生物源农药和矿物性农药，杜绝使用高毒、高残留农药。

（五）采收贮藏

1. 采收 桃果实应适时采收，采收过早，品质和产量降低，但采收过迟，果实变软，容易落果，含糖量反而降低，风味差，易腐烂，不耐贮运。

（1）果实成熟度的确定。成熟度标准应从果实发育期和果肉硬度、弹性、芳香、风味综合全面确定。一般分为 4 个等级：即七成熟底色绿，果实充分发育，果面基本平展，无坑洼，中晚熟品种在缝合线附近有少量坑洼线痕迹，果面茸毛较厚；八成熟绿色开始减退，呈淡绿色，果实丰满，茸毛较少，果实稍硬，有色品种阳面少量着色；九成熟绿色大部减退，不同品种呈现出该品种应有的底色，阴面局部仍有淡绿色，茸毛较少，果肉稍有弹性，有色品种大部分着色，表现出该品种的风味特性；十成熟果实茸毛易脱落，无残留绿色，溶质品种柔软多汁，皮易剥落。

（2）采收期的确定。桃果的风味、品质和耐贮性与成熟度关系极大，故应适时采收。采收后立即销售的可以在九成熟（完熟期）采收；需长途运输或进行长期贮藏的，在七八成熟时采收。采收时间以在天气晴朗、气温较低的早晨为好，采摘后及时入库。

（3）采收的方法。手工采摘应分次精心采收。一般品种分2～3次采摘，少数品种可采摘4～5次。一般先采上部果，后采下部果；从外向内，根据成熟度分批采摘。在气温较低的早晨采收，避开中午高温时段。采收过程中要轻拿轻放，防止机械损伤。

2. 贮藏 水蜜桃柔软多汁，成熟时皮薄肉嫩，不耐贮藏。采摘后尽量预冷，贮藏时应注意减少冷害的发生，销售前需转入温度较高的室内进行后熟。

冷藏保鲜适宜的冷藏温度为－0.5～0℃，相对湿度为90%。气调贮藏保鲜在温度为0℃、相对湿度为85%～90%、二氧化碳的体积分数为5%、氧气的体积分数为1%以下的气调环境中可贮藏6周，比在空气中冷藏水蜜桃的贮藏期延长1倍。家庭冰箱保鲜用塑料袋包装，温度控制在0℃，相对湿度控制在85%～90%，贮藏期可达1个月。

附　水蜜桃生产管理月历

时间	物候期	栽培措施
3～5月	萌芽期至开花期前后	喷石硫合剂；追肥、中耕除草；补充修剪；喷药防治病虫害；疏花；间作农作物
5～7月	坐果期，果实生长期	中耕、除草；追肥；修剪；抹杀；覆草
7～10月	果实生长期至成熟期	追肥、中耕除草；修剪；喷药防病虫；果品采收
10～11月	枝蔓成熟期至落叶期	深翻熟化土壤；施基肥；清理果园；刷白涂料；防寒
12月～第二年3月	休眠期	积肥，准备农药、化肥；配制石硫合剂；进行修剪；检查冻害及防寒情况

第五讲 设施草莓高效栽培技术

一、建园与栽植

（一）环境条件要求

1. 温度 草莓对温度的适应性较强。根系在2℃时便开始活动，5℃时地上部分开始生长。根系最适生长温度为15～20℃，植株生长的适宜温度为20～25℃。春季生长如遇到－7℃的低温受冻害，－10℃时大多数植株被冻死。经过秋季低温锻炼的草莓苗，根系能耐－8℃低温，芽能耐－15～－10℃的低温。

2. 降水 草莓在整个生长季节对水分要求较高，但不同的生育期对水分的要求有差异。

3. 光照 草莓属于喜光植物，但又比较耐阴。光照强则生长健壮、叶色较深、花芽分化好、香味浓郁、果实品质好，并且产量高，光照弱时则植株长势细弱、叶色淡、花朵小、浆果小而味淡、品质差、产量低。草莓在不同的发育阶段对光照有不同的要求，开花结果期和旺盛生长期适宜12～15小时的长日照，花芽形成期要求10～12小时的短日照。

4. 土壤 选择地面平整、阳光充足、土壤肥沃疏松、排灌方便、pH在5～7.5的地块。

（二）建园技术

1. 设施类型

（1）塑料小棚。塑料小棚由细竹竿、竹片、钢筋或定型薄壁热镀锌钢管、碳素棒组成，每隔30～60厘米将竹片插入畦埂作为小拱棚骨架，其上覆盖薄膜。高1米，宽1.5～2.5米，长度视地形而定，棚上可用竹竿或压膜线固定。由于其结构简单，建造成本低，因而被广泛用作草莓半设施栽培。近年来发展较快。依其形状不同分拱圆形小拱棚、半圆形拱棚等多种类型（图5-1）。

（2）塑料中棚。塑料中棚是介于大棚与小棚之间的一种拱棚设施，多为竹木结构。一般为半圆形，高1.7～2米，宽4～6米，有的更宽，长度根据地形和需

图 5－1　塑料小棚

要而定（图 5－2）。

图 5－2　塑料中棚

（3）塑料大棚。塑料大棚是目前江苏省设施草莓栽培用途最广的一类设施，也

图 5－3　塑料大棚

是比较实用的。其优点是取材方便、造价较低、建造容易、通风透光性好（图 5-3)。

（4）节能日光温室。江苏北部地区采用节能日光温室进行栽培，可充分利用太阳能。在寒冷地区一般不加温进行草莓越冬栽培（图 5-4)。

图 5-4　节能日光温室示意

（5）玻璃温室。该类型温室是由水泥、钢筋、铝合金骨架和玻璃组成。虽然投资大，却有透光度好、保温性能好、开肩方便、经久耐用等优点（图 5-5)。

图 5-5　玻璃温室

2. 土地准备

（1）土地整理。草莓根系比较发达，且均匀分布在深 20～33 厘米的表土层。所以建园时宜深翻土壤 30 厘米左右，同时应除去杂草根及前作残株，敲碎土块后耙平。

（2）施基肥。草莓根群浅，耐肥力弱，浓肥易伤根，基肥应以优质迟效的有机肥为主。一般每亩草莓地施腐熟有机肥 3 000 千克，过磷酸钙 40 千克，复合肥料30～50 千克等。

(3)起畦。江苏省雨水较多，地下水位较高，宜采用高畦栽培。全园深翻30厘米，做成高畦、高垄(图5-6、图5-7)。

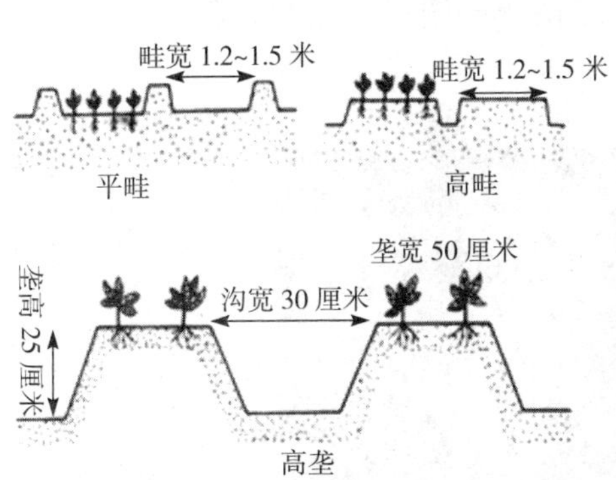

图5-6　起畦栽培示意

图5-7　高畦与高垄

3. **建设标准**　需统一规划、科学设计、合理布局。具有农资供应与仓储体系、生产体系、技术服务体系、营销服务体系、信息网络系统及具备生产、采后处理、产品初步检测等设施设备。交通便利，园内水、电、路设施配套，涝能排，旱能灌，主干道路硬化，能通过运输车辆。

(三)栽植技术

1. **定植时期**　江苏地区一般在9月中旬前后，花芽分化率可达75%左右时为定植适期。而且此时多阴雨天气，定植后易成活，不易倒苗，有利于顶花芽发育，10月晴朗温暖天气有利于腋花芽的分化和发育。

2. **定植密度**　每畦栽两行，行距25～30厘米，株距15～18厘米，每3株苗

图5-8　定植标准

之间呈三角形（图5-8）。每亩栽7 000～10 000株，建议稀植。

3. 定植方法 定植时苗体要求具有5～6片展开叶，根茎粗达1～1.5厘米，根系发达，苗重25～30克。定植前1～2天给苗床浇透水，以便取苗。草莓最好就地育苗，随起苗随栽种（图5-9）。

图5-9 草莓苗

4. 定植要求 定植时要注意定向种植，将草莓秧苗根茎的弓背部朝向畦沟，倾斜栽植（图5-10）。以此方式定植，将来抽生的花序会伸向畦的两侧，利于通风和果实采收，也可减轻病虫害，提高果实品质和卫生（图5-11）。栽苗深度以“深不埋心，浅不露根”为宜（图5-12）。

图5-10 定植方向

5. 定植后管理 定植后至覆膜时期是草莓地上部和地下部的迅速生长时期。该时期主要的田间管理工作有浇水施肥、摘叶及匍匐茎、铺设地膜、病虫害防治和中耕除草等。

图 5-11　定植方向与结果方向

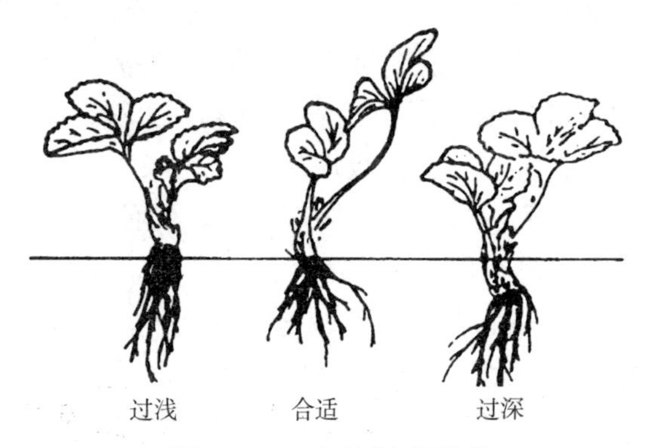

图 5-12　定植深度示意

（1）浇水施肥。定植后要立即浇水。一般栽完一畦后就应及时浇水，不然秧苗容易萎蔫。定植后第一次浇水量宜大，要浇透，直至缓苗前要经常保持土壤湿润，不要让土表发白。根据天气情况和土壤的干燥度浇水，必要时每天在畦面浇1～2次小水。每天浇水时间应安排在早晨或傍晚，切忌在炎热的中午浇水，以免引起烧苗。缓苗后可停止浇水，进行浅中耕晾苗，此时只要土壤不干燥就不必浇水。9月下旬至10上旬，用稀薄人粪尿加0.2%～0.3%复合肥开始追肥，每隔7～10天施1次。

（2）摘叶及匍匐茎。缓苗后要及时摘除老黄叶和病叶，随时摘除匍匐茎及早期抽生的腋芽，侧芽一般只选留顶花序两侧的两个，以促使营养集中，增大果个。如保温前苗生长过旺，叶片数过多，还可再次摘叶，留5～6片健壮叶即可。

（3）铺设地膜。江苏一般于10月下旬铺地膜，铺前进行1次中耕除草，彻底地防治1次病虫害，并在畦中追施1次氮、磷、钾复合肥，追肥量每公顷

150～225 千克，畦中铺设滴灌带，追肥后浇水 1 次或用滴灌浇水。

(4) 病虫害防治。定植后至扣棚保温前，要做好斜纹夜蛾、蚜虫、地下害虫、白粉病、灰霉病、芽枯病等的防治工作。

二、优良品种推荐

(一) 国内品种

1. **宁玉** 宁玉由江苏省农业科学院园艺研究所育成（彩图 34），是幸香和章姬杂交选育所得，属早熟草莓品种。该品种植株生长势强，半直立。抗炭疽病、白粉病，栽培中应注意防治灰霉病。南京地区设施栽培一般 9 月上旬定植，10 月中下旬现蕾，11 月下旬至 12 月初果实初熟。果实圆锥形，果个均匀整齐，一、二级序果平均果重 20.3 克；果面红色，光泽强；果肉红色，髓心橙色；风味极佳，甜味，香味浓，酸味很淡，可溶性固形物含量 10.7%，硬度合适。

2. **益香** 益香由江苏省农业科学院育成（彩图 35）。该品种植株长势中等、半直立、果实圆锥形且较大，一、二级序果平均单果重 22 克，最大果重 45 克；果形整齐，果面平整，红色，光泽强，果基无颈，无种子带；颜色红、黄、绿兼有；果实韧性较强，果肉橙红色；香气浓，甜酸适中，品质优。

3. **硕香** 硕香由江苏省农业科学院园艺研究所育成（彩图 36）。果实圆锥形至短圆锥形，整齐度高，果型大，平均单果重 17～20 克；果面较平整，深红色，光泽强；果肉深红色，肉质细，风味偏甜，微酸，耐贮性能好，果实较硬。植株长势强，株冠大。丰产性能好，抗逆性强。为早熟、鲜食、丰产、优质的露地及半促成栽培品种。

4. **硕丰** 硕丰由江苏省农业科学院培育而成（彩图 37），果实短圆锥形，平均单果重 15～20 克；果面平整，橙红色，有光泽；果肉红色，质细韧，果心无空，风味偏酸，味浓；植株长势健壮，株态直立，矮而粗壮，直立；叶厚、圆形、平展，叶面光滑；该品种果实硬度大，极耐贮运，在常温下塑料小盒中保存 3～4 天不变质。丰产性能好，且小果少，耐高温及抗寒能力均强。深休眠，为晚熟、丰产、多抗的优良草莓品种。

5. **紫金四季** 紫金四季由江苏省农业科学院以品质较好的美国品种甜查理为母本，以国内四季品种林果为父本进行杂交育成（彩图 38）。表现为较强的抗性、适应性和四季性，耐热，抗炭疽病、白粉病、灰霉病、枯萎病，对于白粉病、炭疽病、枯萎病抗性皆优于丰得、红颊。果实圆锥形，红色，光泽强，外观整齐漂亮。果肉平整，全红，肉质韧，风味佳，酸味甜味浓。果面平整，坐果率高，畸形果少。

6. **宁丰** 宁丰由江苏省农业科学院园艺研究所育成（彩图 39）。适宜设施栽培，我国南北方均可栽培。目前正在江苏推广发展，其丰产性优于现主栽品种。果实圆锥形，外观整齐漂亮，大小均匀一致。平均单果重 22.3 克，可溶性固形物 9.2%。硬度好，果色红，光泽强，果肉橙红，风味香甜，其口感达到现主栽品种水平，其硬度高于明宝，果实大小均匀度高于红颊，外观优于丰香。

7. **紫金久红** 紫金久红由江苏省农业科学院园艺研究所育成，属促成栽培草莓品种（彩图 40）。适宜江苏草莓促成栽培区域种植。连续开花坐果能力强，早熟，果大丰产，果个均匀，平均亩产 2 184 千克。果实圆锥形或楔形，平均单果重 17.3 克，果面红色，平整，光泽强。风味甜，香味浓郁。硬度高，耐贮运。坐果率高，畸形果少。株态适中，半直立。

8. **越心** 越心由浙江省农业科学院园艺研究所杂交育成（彩图 41）。植株生长势强，株型直立，株高 22 厘米，耐低温弱光，匍匐茎抽生能力强，浅休眠、早熟品种，果形中等大小，平均单果重 33 克，最大果重 61 克，果形呈短圆锥形或球形，果面平整，浅红，着色均匀；果肉白色，风味极佳，甜酸适口、香味诱人；贮运性好。花芽分化早，8 月底至 9 月初定植，连续结果能力强，丰产性好，抗草莓炭疽病、灰霉病、白粉病能力强。

（二）国外品种

1. **红颜** 红颜是日本农林省久枥木草莓繁育场以幸香为父本、章姬为母本，杂交选育而成的大果型草莓新品种（彩图 42）。该品种连续结果性强，丰产性好，平均单株产量在 300 克以上，具有长势旺、产量高、果型大、口味佳、外观漂亮、商品性好等优点，鲜食加工兼用，适于大棚设施栽培，是一个具有发展前景的优良品种。该品种是近年来的主栽品种。

2. **甜查理** 甜查理是美国加利福尼亚州佛罗里达大学育成的世界著名的亚热带气候区特色草莓良种（彩图 43）。植株长势强、休眠期深、叶片较厚、呈椭圆形、叶锯齿浅、浓绿色、繁殖力较弱。果实圆锥形，果面光泽鲜红，肉质淡黄色，味芳香馥郁，硬度中等。一级序果重 35 克左右，最大果重达 100 克。最适于早春大棚生产，温室生产可在休眠期至 12 月上旬后覆棚膜加温，也可作为露地生产鲜果上市。亩栽植 9 000 株。

3. **章姬** 章姬是由久能早生与女峰杂交育成的早熟品种，现是日本主栽品种之一（彩图 44）。植株长势强，株型开张，繁殖中等，中抗炭疽病和白粉病，丰产性好。果实长圆锥形。果个大，畸形果少，味浓甜、芳香，果色艳丽美观，柔软多汁。一级序果平均重 40 克，最大时重 130 克，亩产 2 吨以上。休眠期浅，适合设施栽培。但果实偏软，耐贮运性较差，不宜长距离运输。该品种成花率、坐果率都高。

4. **佐贺清香** 佐贺清香由日本佐贺县农业试验研究中心育成（彩图 45）。果实大，一级序果平均单果重 35 克，最大单果重达 52 克。果实圆锥形，果面鲜红色，有光泽，美观漂亮，果型端正而整齐，畸形果和沟棱果少。外观品质极优，耐运输，贮存时间长。温室栽培连续结果能力强，采收时间集中。一级序果和二级序果形状及大小相差较小，整齐度好。果肉白色，种子平于果面，分布均匀。果实甜酸适口，香味较浓，质优。

5. **幸香** 幸香是日本品种，由丰香与爱莓杂交育成（彩图 46）。果实硬度、糖度、肉质、风味及抗白粉病能力均优于丰香，丰产性强，可作为南方地区主栽品种发展。植株体形长、健壮，叶片较小，呈椭圆形，浓绿色，花量多。果实圆锥形，果形整齐，果实中等大且均匀，鲜红色，味香甜，硬度大。一级序果平均单果重 20.0 克，最大单果重 30.0 克。果肉浅红色，肉质细腻，香甜适口，汁液多，植株长势中等，较直立。叶片较小，新茎分枝多，单株花序数多。植株休眠浅。

三、生产管理技术

（一）土肥水管理

1. 土壤管理

（1）土壤消毒。草莓不耐连作，连作会带来土壤肥力下降、土壤微生物群被破坏、盐分积累、病虫害增多等问题。为了克服以上问题，可采用以下措施。

①高温消毒。在高温季节来临前，清理田间杂物，均匀充分喷布杀虫剂和杀菌剂；翻耕、灌水浸泡后，在土壤表面用无破损的旧农膜严密覆盖，利用 7～8 月高温提高土壤温度，促使农药蒸发，达到消毒效果。如先作畦，再进行覆盖，消毒效果更好。

②实行水旱轮作。水旱轮作是目前克服草莓连作障碍比较有效的方法。设施栽培草莓的生长期为 9 月中旬至第二年 6 月上旬，6～9 月为草莓生长空闲季节，可种植水稻或水生蔬菜。

（2）土壤耕作。土壤经消毒后再进行翻耕、耙平，全面撒施或条施基肥，并将基肥与土壤充分拌和均匀，然后开沟作畦。翻耕、施基肥、整地应于定植前

15 天完成。

2. 施肥技术

①基肥。每亩施农家肥 5 000 千克及氮、磷、钾复合肥 50 千克，氮、磷、钾肥的比例以 15∶15∶10 为宜。

②追肥。在顶花序显蕾时第一次追肥，顶花序果开始膨大时第二次追肥，顶花序果采收前期第三次追肥，顶花序果采收后期第四次追肥，以后每隔 15～20 天追肥 1 次。追肥与灌水结合进行，需肥料中氮、磷、钾肥配合施用。

3. 水分管理　现蕾到开花期水分要充足，以不低于土壤最大持水量的 70%为宜。果实膨大期需要较多水分，保持土壤最大持水量的 80%左右。浆果成熟期要适当控制水分。采收后应注意灌水，以促进匍匐茎发生和扎根形成新株。立秋后是植株生长的盛期，要保证水分供应。进入花芽分化期应适当控制水分，保持土壤最大持水量的 60%～65%。但草莓不耐涝，水分过多则通气不好。长期积水会严重影响根系和植株生长，降低抗寒性，增加病害，甚至使植株因缺氧而死亡。因此，灌水不宜过多，雨季应注意排水。

（二）设施栽培管理

1. 温度管理

（1）覆膜初期。为增加积温，促进早开花，覆膜后 7～10 天，白天温度保持在 28～30℃时开始换气，最高不要超过 35℃，夜温保持 8℃以上；以后直到开花前，白天温度保持在 25℃，最高不超过 30℃；开花期白天温度 23～25℃，夜间 6～8℃；果实采收期白天温度 20～23℃，夜间在 5℃以上。

（2）多重保温。江苏一般于空气温度降低至 10℃时覆外膜，在 5℃以下覆内膜，以确保夜间棚温在 5℃以上。苏北地区可采用大棚、中棚、小拱棚的三重塑料薄膜覆盖保温。

2. 湿度管理　空气湿度在 40%左右时，花粉萌发率最高，低于 20%或高于 80%都会影响授粉受精。果实采收期湿度太大时，易发生灰霉病等。设施内适宜的湿度为 40%～60%，故在铺地膜时，对畦沟走道应全面覆盖，不留裸地，以阻止地面水分蒸发。在走道上再铺一层稻草，不仅行走方便，而且能吸收大气中的水分（图 5－13）。

图 5－13　畦沟内覆稻草降湿

结合温度管理，高温时应注意经常通风换气，即使在寒冷的冬季，白天也要在中午气温高时通风换气降湿。

3. 光照管理 设施内光照不足影响草莓花粉的萌发率和光合作用。应根据天气情况，适当减少覆盖物，以增加光照时间。另外在雨水较少的冬季，应及时冲刷掉棚膜上的尘土，以利于透光。也可用电灯照明的方法，增强光照和延长日照长度。

（三）花果管理

1. 植株整理 设施栽培自定植至采收结果 9 个月中一直处于生长中，叶、花、茎不断更新，腋芽也不断发生。为了保证有足够叶面积、合理的花茎数及田间通风透光率，要经常做好植株的整理工作。整株的总原则是：既不使茎叶过密，又要保证有足够的绿叶数、适宜的花茎数。

（1）摘除匍匐茎。草莓植株定植成活后会生长较多的匍匐茎，消耗母株营养，因此要随时摘去。繁殖圃后期抽生的匍匐茎也要去掉。

（2）除老叶、病叶和侧芽。当发现植株下部叶片呈水平着生，开始变黄，叶柄基部开始变色时，应及时从叶柄基部去除。发现病叶也应摘除，至少要保留 5～6 片健壮叶（图 5－14）。

图 5－14　保留植株健壮叶片

草莓植株在其旺盛生长时会发生较多的侧芽，应及时摘除，以促进主芽开花与结果。一般除主芽外，保留 2～3 个侧芽，其余全部摘除。

（3）疏花疏果。植株开花过多，消耗营养，果实变小，应采取疏花疏果的措施。每个植株保留多少果实，要根据品种的结果能力和植株的健壮程度而定。在花蕾分离期，最迟不能晚于第一朵花开放，应适当疏除高级次花蕾。

2. 提高坐果率的措施

（1）授粉品种配制。单一草莓品种种植可自花结实，但为了提高坐果率，减少畸形果，尤其是花粉生命力低的品种应该以花粉量大、花粉生命力强的品种与其混植，这样可以提高坐果率，尤其是在开花授粉环境不良时可以取得明显效果。

（2）放养蜜蜂。草莓虽是自花授粉植物，但在设施中栽培，空气湿度重，自然界昆虫进入少，花药和花粉发放困难，花粉粘固在花柱上，导致授粉能力下降，坐果率减少，畸形果增加。目前设施主要靠放养蜜蜂来增强授粉（图 5-15）。蜂箱最好在草莓开花前 3～5 天放入棚室内，每亩日光温室，可以放置 1～2 箱蜜蜂。

图 5-15　蜜蜂辅助授粉

（四）病虫害防治

1. 常见病害防治

（1）叶斑病。

①危害症状。叶斑病又称蛇眼病，主要危害叶片、叶柄、果梗、嫩茎和种子。

在叶片上形成暗紫色小斑点，扩大后形成近圆形或椭圆形病斑，边缘紫红褐色，中央灰白色，略有细轮纹，使整个病斑呈蛇眼状，病斑上不形成小黑粒（图 5-16）。

②防治措施。及时摘除病叶、老叶。发病初期用 70%百菌清可湿性粉剂 500～700 倍液进行防治，10 天后再喷 1 次，或用 70%代森锰锌可湿性粉剂，每亩 200 克兑水 75 千克进行喷雾防治。

（2）白粉病。

①危害症状。白粉病主要危害叶片，也侵害花、果、果梗和叶柄。叶片上卷

图 5-16　叶斑病

呈汤匙状。花蕾、花瓣受害呈紫红色，不能开花或开完全花，果实不膨大，呈瘦长形；幼果失去光泽、硬化。近熟期草莓受到危害会失去商品价值（图 5-17）。

图 5-17　白粉病

②防治措施。在发病中心株及其周围，重点喷布 0.3 波美度石硫合剂。采收后全园割叶，喷施 70%甲基硫菌灵可湿性粉剂 1 000 倍液或 50%胂·锌·福美双可湿性粉剂 800 倍液及 30%氟菌唑可湿性粉剂 5 000 倍液等。

（3）灰霉病。

①危害症状。灰霉病是开花后的主要病害，在花朵、花瓣、果实、叶上均可发病。在膨大时期的果实上，生成褐色斑点，并逐渐扩大，密生灰霉使果实软化、腐败、严重影响产量（图 5-18）。

②防治措施。于现蕾到开花期进行防治，用 25%多菌灵可湿性粉剂 300 倍液、50%克菌丹可湿性粉剂 800 倍液、50%异菌脲可湿性粉剂 500～700 倍液等

喷雾。

（4）根腐病。

①危害症状。受根腐病危害后，从下部叶开始，叶缘变成红褐色，逐渐向上凋萎，以至枯死。植株在中间开始变成黑褐色而腐败，根的中心柱呈红色（图5-19）。

图5-18　灰霉病

图5-19　根腐病

②防治措施。生产上严禁大水漫灌，对染病植株及时挖除，在病穴内撒石灰消毒。对所有植株灌根，可用50%甲霜灵·锰锌可湿性粉剂500倍液，或50%多菌灵可湿性粉剂500倍液，或3%恶霉·甲霜灵水剂1 000倍液，或15%恶霉灵水剂700倍液等药剂，连续防治2～3次。采收前5天停止用药。

（5）黄萎病。

①危害症状。该病是土壤病害，主要症状是幼叶畸形，叶变黄，叶表面粗糙无比。随后叶缘变褐色向内凋萎，直到枯死（图5-20）。

②防治措施。严格引入无病植株种植；缩短更新年限；用氯化苦原液13.5～20升进行土壤消毒；已发病者必须拔除烧毁。

2. 常见虫害防治

（1）蚜虫。

①危害症状。蚜虫因吸取汁液使果实生育受阻，同时，也因蚜虫排出甘露而让叶、果表面变黏，污染叶、果。另外，蚜虫也是传播病毒的媒介（图5-21）。

图 5-20　黄萎病

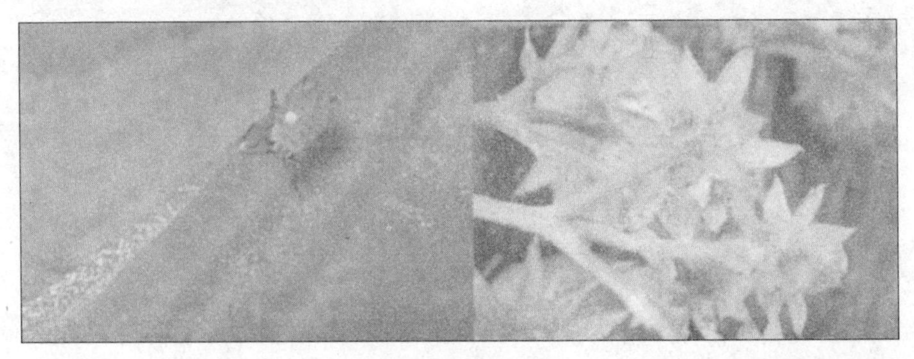

图 5-21　蚜　虫

②防治措施。及时摘除老叶，清理田间，消灭杂草。开花前喷布 50%抗蚜威可湿性粉剂 2 000 倍液，共喷施 1～2 次。

（2）红蜘蛛。

危害草莓的以红蜘蛛、黄蜘蛛为主，尤其红蜘蛛危害更多。

①危害症状。叶片初期受害时出现小灰白点，随后逐步扩大，使全叶片布满白色花纹、黄化卷曲，植株矮化枯萎，严重影响生长（图 5-22）。

图 5-22　红蜘蛛

②防治措施。花序初显时，可喷 0.3 波美度的石硫合剂，隔 7 天再喷 1 次。采果前用残毒低的 20%增效氰戊菊酯乳油

5 000～8 000 倍液，喷 2 次，间隔 5 天。注意采果前 2 周禁用农药。

（3）蓟马。

①危害症状。叶片受害以后，叶柄基部乃至整个叶片变为黑褐色，花器花瓣受害后白化，经日晒变为黑褐色，危害严重的花朵萎蔫（图 5－23）。喜高温、干燥环境，在草莓地，3 月以后寄生数量急剧增加，因此，栽培晚时，危害更严重。

②防治措施。悬挂三色粘虫板，铲除田边地头草，喷施吡虫啉、辛硫磷或者氯氰菊酯进行防治。

图 5－23　蓟　马

（五）采收贮藏

1. 采收　草莓采收时要求果面全红，一般在八九成熟时进行采收。成熟度不够时采收影响草莓应有风味，成熟度过高则不耐贮运，可采摘半红果和全红果之间的果实（图 5－24）。采摘时要轻摘轻放，不要损伤果面（图 5－25）。用四周有孔的塑料容器盛装。

图 5－24　适宜的草莓采收时期

2. 贮藏　通常最简易的贮藏为冷藏。将待贮藏的草莓带筐装入大塑料袋中，扎紧袋口，防止失水、干缩变色，然后在 0～3℃的冷库中贮藏，切忌贮藏温度忽高忽低。

图 5-25 草莓采收

少量贮藏草莓，可将刚采摘下来的草莓果实轻轻放入坛缸之类的容器中，用塑料薄膜封口，置于通风冷凉的空屋子里，或埋于房后背阴凉爽的地方，能适当延长保鲜时间。

附 草莓生产管理月历

时间	工作内容	栽培措施	病虫害防治
1月	草莓采收	注意温室保温，白天温度在 22℃以上，夜间温度不低于 8℃；追肥浇水	
2月	草莓采收	将枯黄叶、病虫叶、衰老叶剪掉；注意降湿	预防病害流行，喷 50%多菌灵可湿性粉剂 600 倍液
3月	草莓采收	及时追肥 2～3 次，每隔 10～15 天追肥 1 次，防止植株早衰	注意防病，一般在中午加大放风量，此时用 45%百菌清烟熏剂防病
4月	草莓采收	撤除棚膜；疏花疏蕾，以节省养分消耗，提高果品质量	防治灰霉病、白粉病等病害；喷布菊酯类和生物农药防治各种害虫
5月	采收逐渐结束	及时摘除新生的匍匐茎，以节省养分消耗，促进果实生长	防治灰霉病、白粉病等病害
6月	采收逐渐结束	采收结束后撤除铺草，拔除病弱株；结合除草松土对植株适当培土，加强肥水管理	疏除部分过密叶或老残病叶，以利通风，避免郁闭，减少病虫害

（续）

时间	工作内容	栽培措施	病虫害防治
7月	土壤消毒	高温消毒土壤；灌足水后用塑料薄膜覆盖后曝晒15～20天	
8月	种苗定植	品种及种苗规格选择；定植时间选择；栽植深度以“深不埋心，浅不漏根”为宜	及时除治害虫，可地面撒施毒饵或结合浇水灌药液除治，植株可喷施代森锰锌等农药防止病害蔓延
9月	田间管理	做好中耕除草、追肥、浇水、防治病虫害等工作	
10月	植株管理	摘除病残老叶；追施叶面肥2～3次，及时浇水	防治病虫草害，此时期病虫害较少，以防为主
11月	覆盖防寒保湿	覆盖地膜进行防寒；人工授粉或放蜂辅助授粉，减少畸形果形成，每棚可放1箱蜂	防治白粉病、芽枯病、灰霉病，可用50%甲基硫菌灵可湿性粉剂600～800倍液或45%百菌清烟熏剂防治
12月	加强温度管理	开花期到果实肥大期要确保日温22～25℃，夜温12℃左右，最低不得低于8℃；收获期白天20～24℃，夜间8～10℃，最低不能低于8℃	

第六讲 葡萄避雨栽培技术

一、建园与栽植

（一）环境条件要求

1. 温度 葡萄不同物候期对温度的要求不同。萌芽期昼夜平均温度10～12℃。

新梢生长期。开始生长时要在13℃以上，最适为28～30℃。始花期最低要求15℃，最适为25～30℃，低于15℃时，则开花受精不良。花芽分化、花原基形成要求28～30℃。浆果成熟时要求在24℃以上，最适28～30℃，当低于20℃时，浆果着色不良，糖度低、味酸。休眠期以0～5℃最佳。

2. 降水 葡萄是抗旱植物，但需水量也较大。葡萄萌芽期需要大量水分，以满足树体萌芽与抽梢的消耗；开花期需水较少，但缺水干旱，易导致柱头变干，授粉期缩短，坐果率降低；浆果生长期是需水的关键期，需要较多的水分。进入浆果成熟期，适当干旱反而有利于提高品质。

3. 光照 葡萄是喜光树种，对光非常敏感。良好的光照，可以促使树体生长健壮，促进花芽分化、花器形成、开花坐果，并增加果实重量，提高果实品质。当光照不足时，新梢细弱，节间变长，叶子变薄，叶色变淡，难以形成花芽，影响开花坐果，并导致果实质量变差。

4. 土壤 葡萄的适应性很强，对土壤的要求范围很宽。无论是盐碱地，还是山丘地、沙荒地、河滩地及石砾山地，只要对立地条件加以改良，均可以栽培葡萄。最适于葡萄生长的土壤条件是排水良好、通气性强的沙壤土，含有大量砾石的粗沙土也可正常生长。

（二）建园技术

1. 果园选址 葡萄园应选择土层深厚的冲积土、壤土、黏壤土、沙壤土和轻黏土建园，且土壤中无有害重金属污染、土质肥沃疏松、有机质含量在3.0%以上。水源充足、交通方便、排灌便利、地势较高、春季地下水位0.8米以下是葡萄避雨栽培的必要条件。

2. 建设标准 建立大型葡萄园必须对园地进行科学的规划和设计，合理地利用土地，合理划分种植小区，并配套道路、沟渠、水电、防护系统等。生产区占果园总面积的80%～85%，道路排灌系统占6%～7%，防护系统占5%～10%，生产用房等附属设施占5%～8%。

小区的划分：平地以1.3～3.3公顷为一小区，4～6个小区为一大区，小区的形状呈长方形，长边应与葡萄行向一致；山地以0.7～1.3公顷为一小区。

3. 棚架技术 应用避雨栽培，枝叶能很好地避开降雨，减轻白腐病、炭疽病、霜霉病等，减少农药使用量，有利于生产出无公害、绿色食品葡萄。因此，在江苏推广避雨栽培具有重要意义和作用。避雨设施可选择竹木简易避雨棚或普通镀锌管大棚结构（图6-1）。

图6-1 葡萄避雨栽培棚

葡萄栽培以畦为单位，在棚架上方搭拱形避雨棚，避雨棚采取南北走向，避雨棚立柱与葡萄架柱合用。大棚一般宽6～8米、顶高2.6～3米、棚长30～45米；简易避雨棚肩宽1.8～2米、高2米。葡萄架式采用篱架和宽顶立架，枝叶水平伸展一般在1米以内，塑料薄膜覆盖1.4米的水平宽度即可。拱架采用毛竹弯曲制成，再用铁丝固定在架柱上，架柱立于畦中央，将薄膜覆盖在拱架上，用尼龙绳和铁丝将薄膜固定好，防止刮倒。

江苏沿海地区夏季风大、雨量大，在棚架材料上采用0.08毫米的抗高温高强度膜覆盖。开花前覆膜，覆膜后须扣压膜线或压木槽，台风季节还须用防雀网等加固。采果后揭去薄膜，薄膜清洗后第二年继续使用。

（三）栽植技术

1. 株行距 连栋避雨大棚水泥立柱间距为4米，株行距按1.5米×3米，栽

2 250株/公顷。四周开深沟（沟深约0.5米），沟的切面为倒梯形，上边宽1米，下边宽0.8米。筑普通避雨大棚的畦面一般采用平面、凸形或馒头形结构。

2. 种植时间　一般在2月下旬至3月上旬，土温达到7～10℃进行种植，最迟不超过3月中旬。温室营养袋苗或绿枝扦插苗可在生长期带土移栽。

3. 定植技术　葡萄栽植穴大小为80厘米×80厘米×80厘米左右。每穴施10千克腐熟有机肥，与挖出的表土混匀填入穴底，再加入50～150克磷肥和速效氮肥，在苗木栽植点做成龟背形土堆；将苗木根系舒展放在土堆上，当填土超过根系后，轻轻提拔抖动，使根系周围不留空隙，然后填土与地面持平，踏实后灌透水。待水渗入后，在苗木四周培15～20厘米高的小土堆，保湿防干，并能提早发芽。

二、优良品种推荐

（一）最新选育品种

1. 阳光玫瑰　阳光玫瑰属于欧美杂交种，是由日本果树试验场安芸津葡萄、柿研究部选育而成，其亲本为安芸津21号和白南（彩图47）。

本品种有以下特点：

（1）树势强、生长旺。植株生长旺盛，芽眼萌发率85%，花芽分化好且稳定。江苏地区一般3月中上旬萌芽，5月初进入初花期，5月上中旬进入盛花期，6月上旬开始第一次幼果膨大，7月中旬果实开始转色，8月初开始成熟。

（2）果实大、有香气。果穗圆锥形，穗重600克左右，大穗可达1 800克左右，平均果粒重8～12克；果粒着生紧密，椭圆形，黄绿色，果面有光泽，果粉少；果肉鲜脆多汁，有玫瑰香味，可溶性固形物含量20%左右，最高可达26%。

（3）挂果长、较抗病。成熟后可以在树上挂果长达2～3个月，不裂果，无脱粒现象。较抗葡萄白腐病、霜霉病和白粉病，但不抗炭疽病。

2. 金手指　金手指属于欧美杂交种，由日本原田富一氏1982年杂交育成（彩图48）。

本品种有以下特点：

（1）果粒美观、果穗大。果穗巨大，长圆锥形，松紧适度，平均穗重1千克，最大穗重3千克；果粒形状奇特美观，长椭圆形，略弯曲，呈弓状，黄白色，平均粒重8克。

（2）肉质较硬、品质优。果皮中等厚，韧性强，不裂果；果肉硬，可切片，含糖量20%～22%，甘甜爽口，有浓郁的冰糖味和牛奶味；果柄与果粒结合牢固，捏住一粒果可提起整穗果，耐贮运。

（3）成熟期早、效益高。自根苗根系发达，生长势极强，栽植第二年结果，亩产量 2 000 千克以上；在长江流域 4 月上旬萌芽，5 月中旬开花，7 月下旬成熟。

3. 红乳 红乳属于欧亚品种，是由日本植原葡萄研究所以黄金指和美人指杂交选育出的一种中晚熟品种（彩图 49）。

本品种有以下特点：

（1）外观奇特、品质佳。果粒整齐、肾形、鲜红色，果肉白色、质脆、极甜，可溶性固形物含量 20.5%～23%，最高可达 25%；鲜葡萄上市正赶上中秋、国庆双节，故售价较高。

（2）丰产性强、结果早。在江苏地区栽植，2 年生平均亩产 500 千克，3 年生平均亩产 2 300 千克，4 年生平均亩产 2 500 千克左右。

（3）果实抗性强。果实附着力较强，不裂果，耐贮运，抗寒、抗病性较强。

4. 醉金香 醉金香又名茉莉香，是由辽宁农业科学院研究所以沈阳玫瑰（7601）为母本、巨峰为父本杂交选育而成的欧美杂交四倍体鲜食品种，1997 年通过品种审定（彩图 50）。

本品种有以下特点：

（1）树势强健、生长旺。植株生长旺盛，芽眼萌发率 80.5%，结果枝率 55%，每个结果枝平均有花序 1.32 个，副梢结实力强。

（2）果实大、风味浓。果穗圆锥形、大穗、中度紧密，平均穗重 800 克。果粒灯泡形，成熟金黄色，平均粒重 12 克，最大粒重 19.1 克；果皮薄，与果肉易分离；果实具有浓郁的茉莉香味，肉质软硬适度，适口性好，品质上等，可溶性固形物含量可达 18%以上。

（3）抗病性强。对霜霉病和白腐病等真菌性病害具有较强的抗性。

5. 黑美人 黑美人属于欧亚种，由张家港市神园葡萄科技有限公司、张家港市杨舍镇农业服务中心和张家港市蔬菜办公室于 2000 年通过“美人指”实生选育。2012 年育成，适宜江苏省内大棚避雨栽培（彩图 51）。

本品种有以下特点：

（1）树势强健、生长旺。植株生长势强，枝条成熟度中等；每果枝平均着生果穗数 1.7 个，隐芽萌发的新梢结实力中等。

（2）果形整齐、品质优。果穗长圆锥形，大小整齐，平均穗重 850 克。果粒着生紧凑；果粒长椭圆形、蓝黑色、大，纵径 3.5～4 厘米，横径 2～2.5 厘米，平均粒重 9.5 克，最大粒重 13 克；果粉厚，果皮薄，果肉较软，每果粒含种子 1～3粒，可溶性固形物含量为 16%～17.5%。

6. 早夏香 早夏香属于欧美杂种，为张家港市神园葡萄科技有限公司、张家港市农业试验站、张家港市凤凰镇农业服务中心共同选育的夏黑早熟芽变种。适用于江苏省葡萄产区，宜采用大棚避雨栽培（彩图 52）。

本品种有以下特点：

(1) 生长中庸、成熟早。芽眼萌发率95%，成枝率98%，每果枝平均着生果穗数 1.5 个；在张家港地区 3 月下旬萌芽，5 月中旬开花，6 月下旬果实成熟，果实生育期 90～95 天，属极早熟无核品种。

(2) 果实无核、香味浓。果粒近圆形，偏紫黑色，赤霉素处理后平均粒重 7.1 克；果皮较厚，果粉厚，无涩味，果皮与果肉易分离；肉质较硬、无籽，有浓郁草莓香味，味酸甜、汁少；可溶性固形物含量为 17.7%～22.0%。

7. 晨香 晨香属于欧亚种，为上海奥德农庄与大连农业科学研究所以白玫瑰香与白罗莎杂交选育获得，适用于江苏省葡萄产区，宜采用大棚避雨栽培（彩图 53）。

本品种有以下特点：

(1) 树势强健、易管理。该品种树势旺，不徒长，枝条成熟度好，坐果适中，果穗整齐，无需疏花疏果，不落粒，不缩水，持续增糖，花芽分化好，产量高。

(2) 成熟期早、效益高。极早熟品种，江浙地区避雨栽培，6 月下旬即可上市，退酸速度极快，比夏黑早熟 15 天，价格相对比较高，是非常难得的极早熟品种。

(3) 果实味浓、品质优。果实黄绿色，平均粒重 10 克，椭圆形，可溶性固形物含量 18%～20%，具有纯正的玫瑰香味，果皮可食用，果肉口感细腻，香甜可口。

8. 蜜光 蜜光属于欧美种，由河北省农林科学院昌黎果树研究所 2013 年杂交育成，亲本为巨峰与早黑宝（彩图 54）。

本品种有以下特点：

(1) 穗大、粒重。果穗大、圆锥形、较紧，平均穗重 720 克；果粒大、椭圆形，平均果粒重 10 克以上，最大 18 克，果粒大小一致，外观诱人。

(2) 味甜、不落果。果实紫红色，具浓郁的玫瑰香味。果肉硬而脆，果汁中等。风味极甜，品质极佳，可溶性固形物含量达 19.0%以上，最高达 22.8%，果粒附着力较强，采前不落果，耐贮运。

(3) 抗性强、易管理。结果早，丰产稳产，定植第二年产量可达 1 500 千克以上。管理技术简单，耐弱光，花芽易分化，容易结二次果，可以做一年两熟，江苏地区大棚和露天都可栽培，发展潜力巨大。

9. **夏黑** 夏黑属于欧美杂种，1968年由日本山梨县果树试验场杂交育成，亲本为巨峰与无核白，1997年8月获得品种登记。我国于2000年引进（彩图55）。

本品种有以下特点：

（1）树势强、较丰产。树势极强，隐芽萌发力中等。芽眼萌发率85%～90%，成枝率95%。每果枝平均果穗数1.45～1.75个。采用高宽垂架式，亩栽110株，每公顷产量18 000～22 500千克。

（2）品质较优、香气浓。该品种浓甜爽口，有浓郁草莓香味，粒重8～10克，穗重700～800克，可溶性固形物含量为18%～21%。在张家港7月初开始成熟，在避雨栽培条件下，成熟后可留树保存1个月。

（3）结果早、效益高。在江苏张家港地区3月25日至4月8日萌芽，5月10日至5月20日开花，7月10日至7月20日浆果成熟。从开花至浆果成熟所需天数为100～115天，此期间有效积温为1 983.2～2 329.7℃。

10. **巨玫瑰** 巨玫瑰属于欧美杂种，是由大连市农业科学研究院杂交育成的四倍体葡萄，亲本为玫瑰香与巨峰（彩图56）。

本品种有以下特点：

（1）树势强、结果早。栽后2年株产达4～5千克，3年进入丰产期。

（2）果粒大、品质优。果实香气浓郁，较耐贮运；果穗大，平均穗重675克，最大粒重17克。果皮紫红色，着色好；果肉较巨峰脆，多汁，无肉囊，具有纯正浓郁的玫瑰香味，香气怡人；可溶性固形物含量19%～25%，总酸量0.43%，品质极佳。

（3）抗性强、好管理。耐高温多湿，抗病性强，适合华北及南方各省高温多湿地区栽培。较抗黑痘病、灰霉病、白腐病、炭疽病，不抗霜霉病。耐贮运，且贮后品质更佳。

（二）传统品种

1. **巨峰** 巨峰欧美杂交种，是1937年日本杂交育成的四倍体品种，亲本为石原早生与森田尼。1959年引入我国，是我国栽培最多的品种（彩图57）。

（1）品质优、认可度高。果实椭圆形或近圆形，黑紫色，果粉中等厚，皮厚，果实肉质偏软，酸甜适度，有草莓香味；可溶性固形物含量14.2%～16.2%，含酸量0.55%～0.59%，品质中上等。

（2）生长旺盛、产量高。于4月中旬萌芽，5月下旬开花，7月下旬果实成熟。采用日光温室栽培，8月上旬即可成熟上市。

但本品种坐果率低，落花落果严重，需要采取花前10天掐穗尖（1/5）、摘心、除副梢、控制氮肥、增施磷、钾肥等措施。

2. 藤稔 藤稔属于欧美杂交种，由日本杂交育成，亲本为井川682与先锋。1986年引入我国，因其果粒特大，在江浙一带大量发展，全国各地普遍栽培（彩图58）。

（1）穗大、品质优。本品种果穗大，圆锥形，着粒紧凑，平均穗重600克，最大穗重750克；果粒近圆形，自然粒重10～12克，成熟紫黑色，完全成熟黑色，有果粉，肉质肥厚，多汁，可溶性固形物16%～18%，品质优。

（2）树势偏旺、易丰产。在张家港地区8月上旬开始成熟。栽植第二年亩产300～500千克，第三年亩产1 000～1 500千克，能取得较好的经济效益。

3. 京亚 京亚属于欧美杂交种，中国科学院植物研究所北京植物园1981年从黑奥林实生苗中选育，1992年通过鉴定。现在北京、山东、浙江、江苏、广东等地有栽培（彩图59）。

（1）树势强旺、丰产性强。果穗圆锥形或圆柱形，平均穗重478克，最大1 070克。果粒着生紧密或中等，椭圆形，平均粒重11克，最大20克。果皮中等厚，紫红色至蓝黑色，肉质中等或较软，汁多，味酸甜，微有草莓香味，可溶性固形物含量13.5%～19.2%，含酸量0.65%～0.90%，品质中上等。4月上中旬萌芽，5月中下旬开花，7月上中旬果实充分成熟，从开花到成熟62天。

（2）早熟，抗性强。本品种抗黑痘病，抗湿、抗寒性强，因其早熟，果实很少见到病害。

4. 红富士 红富士属于欧美杂交种，由日本用金玫瑰和黑潮杂交育成，1997年引入我国（彩图60）。

（1）穗整齐、味甜。果穗圆锥形，平均穗重547克，最大穗重700克。果穗大小整齐，果粒着生中等紧密。果粒倒卵形，粉红色，平均粒重11.5克，最大粒重17克。果粉厚，果皮厚，无涩味。果肉柔软多汁，味甜，有草莓香味。可溶性固形物含量为19%。鲜食品质上等。在张家港地区8月下旬成熟。

（2）抗性强，坐果率高。该品种易栽培，抗病性强，坐果率高，但其果刷短，易落粒。

5. 红提 红提又称晚红、红地球、红提子，属欧亚种，由美国杂交育成，由皇帝与L12-80的杂交后代再与S45-48杂交获得（彩图61）。

（1）穗重、质脆。本品种果穗大，长圆锥形，平均穗重650克，最大穗重可达2 500克。果粒圆形或卵圆形，平均粒重11～14克，最大可达23克，较好的果粒可达乒乓球大小。果粒着生松紧适度，整齐均匀。果皮中厚，果实呈深红色；果肉硬脆，能削成薄片，味甜可口，风味纯正，可溶性固形物含量高于

16.5%，刀切无汁，品质极上。

（2）耐贮运，不脱粒。本品种4月底萌芽，6月上中旬开花，9月底至10月初果实成熟，果实生育期100天，从萌芽到果实完全成熟135天。果柄长，不脱粒，果实可远途运输和长期贮藏，可贮藏到第二年3月。

三、生产管理技术

（一）土肥水管理

1. 土壤管理

（1）深翻。一般结合地面清理进行一次深翻，时间主要在采果后，结合秋施基肥进行，深度20～25厘米。深翻要尽量减少大根系的损伤，一般植株于根周围20厘米浅翻或不翻。

（2）松土、除草。清耕法管理的葡萄园每年至少要在行间、株间进行2～3次中耕除草，深度10厘米，保持园内疏松无杂草状态，也可采用除草剂除草，但有机葡萄果园禁用。成龄葡萄园可用草甘膦、百草枯等除草剂，但不允许用2，4-滴类除草剂，因为2，4-滴具有漂移性。

（3）土壤覆盖。在树冠下或全园进行杂草、秸秆、沙砾、淤泥或地膜覆盖。覆草厚度10厘米左右，覆后逐年腐烂减少，要不断补充新草。该方法的优点是防止水土流失，抑制杂草生长，减少蒸发，缩小地温的昼夜与季节变化幅度，增加有效态养分和有机质含量。地膜覆盖则有利于保持地温，特别是冬季覆盖有防冻作用。沙砾、淤泥覆盖还可以改良土壤过黏或过沙特性，一般于建园前期进行。

2. 基肥肥料选择与用量　新建果园基肥采用腐熟农家肥或厩肥，每亩用量3 000～4 000千克，加入40千克硫酸钾复合肥，施肥深度30厘米以下，充分与土壤混拌后施入。投产园基肥宜秋施，一般在葡萄采收后40～50天施用，每亩用腐熟农家肥2 000～3 000千克，加入硫酸钾复合肥40千克。

3. 追肥时期与肥料选择　追肥又称补肥，是当年壮树、高产、优质的保障，又为来年生长结果打下基础。成年结果树一般每年追肥2～4次。

第一次追肥在早春芽开始膨大时进行。此时花芽正在分化，新梢即将开始旺盛生长，需要大量氮素养分，建议用农家肥（就是发酵好的人畜粪便）或尿素，施用量占全年用肥量的10%～15%。

第二次追肥在谢花后果实刚开始膨大时进行。这一阶段是葡萄生长的旺盛期，也是决定第二年产量的关键时期，也称水肥临界期。这一时期追肥以腐熟的人粪尿或尿素、草木灰等速效肥为主，施肥量占全年施肥总量的20%～30%。

第三次施肥在果实开始变色时进行，追肥目的是提高果实品质。以磷、钾肥为主，施肥量占全年用肥量的10%左右。

4. 施肥技术 基肥采用土壤施肥，追肥除土壤施肥外，也可以选择叶面追肥。常用的叶面追肥种类有0.3%～0.5%尿素、0.5%～1.0%过磷酸钙滤液、1%～3%草木灰浸出液等。

（1）土壤施肥。主要采用沟施法，施肥沟在定植沟两侧，隔年交替挖沟。第一年在架里，顺行距根系30厘米处向外开沟施入，沟宽30厘米，深40厘米。挖沟时遇见较粗根系不可切断，挖完沟后及时回填；第二年在架外；第三年施基肥接第一年架里施肥处继续向外开沟，深50厘米、宽40厘米；第四年接第二年在架外挖沟施肥。

（2）根外追肥。多采用叶面喷肥的方法，将肥料溶于水中，稀释到一定浓度（0.05%～0.3%）后直接喷于植株上，通过叶片、嫩梢及幼果等绿色部分进入植物体内。肥料种类、追肥的次数和时期因品种以及土壤而不同。叶面追肥可增产18%～25%，提高糖度1.6%～3.4%，降低酸度0.06%～1.56%。

5. 水分管理 江苏地区葡萄栽培应以排水为主，辅助灌水。7～8月葡萄成熟期，应做好清沟排水工作。对于易涝地形，在暴雨时应辅以人工强排，避免果园积水导致葡萄根系淹水死亡。灌水一般于新梢生长期（开花前）、果实迅速膨大期、夏秋过于干旱时进行，另外，采收后施基肥期灌水，有促进养分吸收、积累和保温防冻的效果。

灌溉方式除传统沟灌外，推荐使用喷灌、滴灌或水肥一体的方式进行。

（二）整形修剪

1. 架式选择 江苏地区高温、高湿气候条件下，真菌性病害严重，结合葡萄无需防寒特点，可采用单篱架式、双十字V形架式、T形架式、H形架式等。

2. 整形技术

（1）单篱架式。沿葡萄行向在行内每隔5～6米栽立支柱，其上拉1～4道或更多的铅丝（即镀锌铁丝），架高1～2米（图6-2）。植株多用扇形整枝。第一道铅丝离地面的距离30～40厘米，以上各道铅丝之间的距离40～50厘米，葡萄枝蔓均匀分布在各层铅丝上。

（2）双十字V形架式（飞鸟式）。南方葡萄避雨栽培多用该架式（图6-3）。该架式是由架柱、2根横梁和6根铁丝组成，葡萄行距2.5～3米，柱距4～6米，柱长2.5米，埋入土中0.6米；纵横距要一致，柱顶要成一平面，两头边柱需向

图 6-2　单篱架

外倾斜 30°左右，并牵引锚石；柱两边拉两条铅丝，两道横梁离边 5 厘米处打孔各拉一条铁丝，形成双十字 V 形架式。

图 6-3　双十字 V 形架

(3) T 形架。T 形架式是一种高宽垂树形（图 6-4）。一般采用株行距（2.5～2.8）米×（1.5～2.0）米。栽植后，当新梢高度达到第一道铁丝高度（一般为 1.1～1.4 米）时摘心，让最顶端的两个副梢生长，沿篱架方向两边分出，绑在第一道铁丝上培养成水平双臂。当双臂长到 80～100 厘米时摘心（双臂所留长度应根据葡萄栽植的株距决定，一般为株距的 1/2），每株以主干为中心，两边各均匀留 3～4 个二次副梢，共留 6～8 个。留 50 厘米摘心，培养成来年结果母枝，其余副梢均留 2～3 叶后处理。冬季修剪时根据已形成的 6～8 个结果母枝粗度进行修剪，剪口径 0.6 厘米以上的留 4～8 芽修剪，横绑在第一道铁丝上，否则从基部剪除。第二年及以后在两臂上逐步培养成 6～8 个长结果枝组、2～4

个短的结果枝组，每亩留 9 000～12 000 个芽。

图 6-4　T 形架式

（4）H 形架式。葡萄 H 形整形方式的栽培技术最早起源于日本（图 6-5）。一般采用株行距（10～14）米×5 米、架高 1.8～2 米，架面用钢丝拉成网格状，其中沿种植行两侧按 1 米左右间距各纵向拉两道钢丝（12～14 号钢丝均可）。4 道钢丝间按 20～25 厘米间距横拉 16～18 号细钢丝。葡萄苗主干高度与架高相等时，主干生长到架面高度时摘心形成 2 根主蔓，向两侧铁丝引绑，保证蔓直形正。两条枝蔓长到超过第一道纵拉钢丝时，将蔓沿纵拉钢丝引蔓，形成 Z 形，再从这两条枝蔓靠近第一道纵拉钢丝部位选留一条侧蔓，并沿第一道纵向钢丝向另一方向引蔓，最终形成 H 形。在呈 H 形的 4 条侧蔓上，每隔 20～25 厘米选留结

图 6-5　葡萄 H 形架式

果枝，结果母枝留1～2个芽，每亩留结果枝960～1 680个。

3. 修剪技术 修剪时期可分冬季修剪和夏季修剪。

（1）冬季修剪。

①时间。落叶后到第二年伤流期前1个月均可修剪。

②修剪步骤。分一看、二疏、三截、四查、五绑。

看：看品种、树龄、树势、树形、架式、芽眼、枝蔓的成熟度、邻树生长状况，并根据每个品种确定结果母蔓、芽眼数量及预期产量等，确定修剪量及修剪标准。

疏：根据各品种及架式等疏除病虫蔓、细弱蔓、过密蔓，位置不当的蔓及需要更新的蔓。

截：将已保留下的结果母蔓或更新蔓剪去一部分，并根据确定的修剪量和品种的花芽分化特点，保留单个结果母蔓或更新蔓的芽眼数。如架面上枝量不够，可将较细的枝留3芽短剪。初剪后按留芽量定梢，剪除多余的梢，注意留梢位置要均匀。

查：对已修剪的树，检查是否有漏剪、错剪的情况，并及时纠正补剪。

绑：中梢修剪绑缚在底层拉丝上。绑缚时要注意防止折断，最好雨后绑缚或清晨10时前绑缚。

③修剪方法。对于花芽分化好的品种，从主干分叉处两侧，结果母蔓按30厘米左右间距留2～3芽修剪，每树留12个结果母蔓；对夏黑等花芽分化中等的品种，从主干分叉处两侧，每树留8～10根直径0.8厘米以上、成熟度好且芽眼饱满的蔓枝，留8～10芽修剪，并可在主干分叉处两侧留2～4根弱蔓，留2～3芽短剪培养更新蔓；对美人指等花芽分化差的品种，从主干分叉处两侧，每树留12～16根直径0.8厘米以上、成熟度好且芽眼饱满的蔓枝，留10～12芽修剪，并可在主干分叉处两侧留2～4根弱蔓，留2～3芽短剪培养更新蔓。

（2）夏季修剪。夏季修剪是指从萌芽到落叶之前的修剪，它可以根据需要而随时进行。夏季修剪主要有以下几种：

①抹芽除萌。芽眼萌动至展叶前抹芽除萌，每3～5天除1次，分2～3次以手操作，抹掉芽眼的60%～70%。

②除梢定梢。一般在新梢长至7～8片叶，能明显看出花序的大小、强弱时除梢定梢。

③绑蔓。新梢绑蔓可使各新梢均匀、合理占据架面，有利于架面通风透光，也可防止大风吹断新梢；一般新梢长到20～30厘米时开始绑蔓。

④疏果。疏果包括疏果粒和疏果穗，主要目的是调解植株负载量，适当控制

产量，一般情况下，每个果穗保留 30～35 个果粒，单果穗重量保持 350 克左右。

（三）花果管理

1. 疏花技术 大多数葡萄品种极易成花，花序较大，坐果率高，如果放任不管，容易结果过多，植株负荷超载，造成大小年结果现象，果实品质下降、树体早衰，经济寿命缩短。因此，必须从花序管理着手，严加调控，控产提质，才能实现连年丰产，生产出优质果品。

（1）时间。疏花序一般在开花前 5～7 天进行。

（2）疏花量。留花序的多少需根据品种、枝蔓粗细等来决定。一般中穗品种每株留 18～20 个花穗，如夏黑、维多利亚、美人指等品种；大穗品种每株留 14～16 个花穗，如红地球、红宝石等无核品种；果穗重在 400～500 克的大穗品种，壮枝留 1～2 个花序，中庸枝留 1 个花序，细弱枝不留花序；小穗品种（穗重在 250 克左右），壮枝留 2 个花序，中庸枝以留 1 个花序为主，个别空间较大的枝可留 2 个，细弱枝不留花序。

2. 疏果技术

（1）时间。疏穗和疏粒的时期以尽可能早为好。一般在坐果前进行过疏花序的植株疏穗的任务减轻，可以在坐稳果后（盛花后 20 天），能清楚看到各结果枝的坐果情况，估算出每平方米架面的果穗数量时进行；疏粒工作在疏穗以后，在开花后 25 天左右，当果实进入硬核期、果粒约有黄豆粒大小、能分辨出大小粒时可进行。

（2）留果量。根据生产 1 千克果实所必需的叶面积推算架面需留果穗量的方法进行疏穗。具体做法是强枝留 2 穗，中庸果枝留 1 穗，弱枝不留穗，每平方米架面选留 4～5 穗果。

（3）疏果技术。疏粒时通常先疏掉因授粉受精不良而形成的小粒、畸形粒，以及个别大果粒、病虫果粒、日灼果粒；然后再根据穗形要求剪去穗轴基部 4～8 个分枝及中间过紧、过密的支轴，并疏除部分穗尖的果粒；选留大小一致、排列整齐向外着生的果粒。

3. 果穗套袋 葡萄果实套袋栽培具有改善果面光洁度、提高着色效果、预防病虫害、减少农药使用次数、降低果实中农药残留及鸟类危害等优点。

（1）时间。江苏地区一般可在 5 月果实坐果稳定及整穗、疏粒结束后进行。套袋要避开雨后的高温天气，在阴雨连绵后突然晴天，如果立即套袋，会使日灼加重，因此，要经过 2～3 天，使果实稍微适应高温环境后再套袋。

（2）方法。套装前，全园喷布 1 次杀菌剂，如复方多菌灵、代森锰锌、甲基硫菌灵等，重点喷布果穗，药液晾干后再开始套袋。

将袋口端6～7厘米浸入水中，使其湿润柔软，便于收缩袋口，并且能够将袋口扎紧扎严，防止害虫及雨水进入袋内，提高套袋效率；套袋时，先将纸袋撑开，使纸袋整个鼓起，然后从下往上将整个果穗全部套入袋内，再将袋口收缩到穗梗上，用一侧的封口丝紧紧扎住，并且套袋时绝对不能用手揉搓果穗。

（四）病虫害防治

葡萄病虫害对葡萄植株的生长发育、产量、品质影响很大。江苏地区多雨，常造成病害发生严重，给葡萄生产带来重大损失。葡萄病虫害防治的基本原则为“预防为主，综合防治”。要以农业防治为基础，选择抗性品种，冬季剪除病梢，清扫病菌残体，减少病源；及时排水，通风透气，降低湿度；控施氮肥，适当增施磷、钾肥，增强树势。因地制宜，综合运用黄板、太阳能杀虫灯等物理及生物防治措施，在此基础上进行化学农药防治。

1. 常见病害防治

（1）葡萄灰霉病。

①危害症状。该病主要危害花序和果实，有时也有新梢及叶片感病。开花前危害花序，花序暗褐色，似开水烫伤状，病部组织软腐，表面长满灰霉，被害花序萎蔫；果梗感病时变黑色，有时在病部长出黑色块状菌核；危害新梢及叶片时，产生淡褐色不规则的病斑，有时为轮纹状；果实感病时果实变色、腐烂，长出一层鼠灰色的霉层，有时出现黑色块状菌核（图6-6）。

图6-6　葡萄灰霉病

②防治措施。开花前10天到始花前1～2天是药剂防治的关键时期，可用50%多菌灵可湿性粉剂500倍液或70%甲基硫菌灵可湿性粉剂800倍液，花前喷1～2次，果实成熟期也可喷1～2次。

(2) 葡萄霜霉病。

①危害症状。葡萄生长早期发病，可使新梢、花穗枯死；中后期发病可引起落叶或大面积枯斑。叶片感病初期，在叶面产生水渍状、半透明、边缘不明显的小斑点，逐渐扩大为淡黄色至黄褐色的多角形病斑，叶片背面形成白色的霜霉状物，后成褐色干枯病斑；幼果感病时从果梗开始发病，出现灰绿色圆形病斑，表面长满白色霉层，后皱缩脱落（图 6-7）。

图 6-7　葡萄霜霉病

②防治措施。葡萄坐果以后，白天应快速提高室温至 30℃以上，并尽力维持在 32～35℃，下午 4 时左右开启风口，通风排湿，降低室内湿度，使夜温维持在 10～15℃，空气湿度应低于 85%，控制病害发生。可选择 65%代森锰锌可湿性粉剂 500 倍液、40%三乙膦酸铝可湿性粉剂 300 倍液和 72%霜脲·锰锌可湿性粉剂 600～700 倍液交替喷施。

(3) 葡萄白粉病。

①危害症状。叶片感病时产生覆有一层白色粉状物的白色斑块，严重时白粉状物布满全叶，病叶卷曲、枯萎致脱落；新梢、叶柄、果梗和穗轴感病时表面出现黑褐色网纹，上有白粉状物；幼果感病时先褪绿斑块上有星芒状花纹，上有白粉状物，病果停止生长或畸形，味酸；长大的果实感病时果表面有网状纹路，易裂开（图 6-8）。

②防治措施。开花前及幼果期各喷 1 次 70%甲基硫菌灵可湿性粉剂 1 000 倍液；6～7 月发病盛期喷施 50%胂·锌·福美双可湿性粉剂 600～800 倍液和 15%三唑酮可湿性粉剂 1 500～2 000 倍液。

(4) 葡萄白腐病。

①危害症状。果穗感病时在穗轴和果梗上产生淡褐色、水渍状、边缘不明显的病斑，逐渐扩大，抑制果粒或下部果穗生长，严重时全穗腐烂；病果极易振

图 6-8 葡萄白粉病

落，重病园地面落满一层，这是白腐病发生的最大特点。枝蔓感病时，多在有机械伤或接近地面的部位发病；果粒感病时初期为浅褐色水渍状腐烂，后蔓延全果，果中有灰白色小粒点；叶片感病时先在叶尖、叶缘或有损伤的部位形成淡褐色、水渍状、近圆形或不规则形的病斑，并扩大为同心轮纹大斑，其上散生灰白色小粒点，且以叶背和叶脉两边居多，后期病斑干枯易破裂（图 6-9）。

图 6-9 葡萄白腐病

②防治措施。生长季喷 50%胂·锌·福美双可湿性粉剂 800 倍液，或 50%多菌灵可湿性粉剂 800～1 000 倍液，或 70%代森锰锌可湿性粉剂，或 64%恶霜·锰锌可湿性粉剂 700 倍液，为提高药效，可在药液中加入中性洗衣粉或其他黏着剂。

（5）葡萄褐斑病。

①危害症状。该病害仅危害叶片，发病通常自下部叶片开始，逐渐向上蔓

延；严重时，病叶干枯破裂早落，病斑周缘呈淡褐色湿润状，中间有黑色圆环形纹，后期病斑上生灰色或深褐色的霉状物（图 6-10）。

图 6-10 葡萄褐斑病

②防治措施。发病初期，综合防治葡萄黑痘病、炭疽病，可施用 50%代森锰锌可湿性粉剂 600 倍液、65%代森锌可湿性粉剂 500～600 倍液，每隔 10～15 天喷 1 次，连续喷 2～3 次。开始喷药时，注重植株下部叶片，要两面都喷到。

（6）葡萄黑痘病。

①危害症状。多雨潮湿的地方发生重。叶片感病时，初期叶面出现圆形或不规则形红褐色斑点，中部凹陷，呈灰白色，边缘呈暗紫色，后期常干裂穿孔；新梢、叶柄、果柄感病形成长圆形褐色病斑，后期病斑中间凹陷开裂，呈灰黑色，边缘紫褐，发生严重的枯死；幼果感病时初期出现深褐色斑点，渐形成圆形病斑，四周紫褐色，中部灰白色，鸟眼状斑，后期表面硬化，有时龟裂。多个病斑可连成大斑，病斑仅限于果表，不深入果内，但果味酸，丧失食用价值（图 6-11）。

②防治措施。可选用 50%胂·锌·福美双可湿性粉剂 800～1 000 倍液，65%代森锌可湿性粉剂 500～600 倍液，或 50%多菌灵可湿性粉剂 1 000 倍液，或 75%百菌清可湿性粉剂 600 倍液，每隔 15 天喷 1 次，喷 1～2 次。

（7）葡萄黑腐病。

①危害症状。炎热和湿润的地区发生较重。新梢感病时有深褐色椭圆形微凹陷病斑；叶片感病时叶脉间出现红褐色、近圆形小斑，后扩大为中间灰白、边缘褐色的大斑，病斑上产生小黑点；果实感病时初呈紫褐色小斑点，组织柔软腐

图 6-11　葡萄黑痘病

烂，后逐渐扩大，导致果实干缩变为黑色、坚硬、多皱的僵果（图 6-12）。

图 6-12　葡萄黑腐病

②防治措施。可采用 50%多菌灵可湿性粉剂 600～800 倍液、50%克菌丹可湿性粉剂 600～700 倍液、70%丙森锌可湿性粉 500～600 倍液和 60%唑醚·代森联水分散粒剂 1 000～1 500 倍液等进行防治。

（8）葡萄炭疽病。

①危害症状。主要危害果粒，造成果粒腐烂；危害枝干、叶片等，大多为潜伏侵染，无明显症状；果实着色后、近成熟期显现症状，果面产生针头大小淡褐色斑点或雪花状斑纹，之后逐渐扩大，变褐色至黑褐色圆形病斑，密生轮纹状小

黑点（图 6－13）。

图 6－13　葡萄炭疽病

②防治措施。自展叶开始到果实 1/3 成熟为止，每隔 15～20 天喷施 1 次 50％多菌灵可湿性粉剂 1 000 倍液，或 80％代森锌可湿性粉剂 600 倍液，或 75％百菌清可湿性粉剂 750 倍液，这几种药应交替使用。

（9）葡萄日灼症。

①危害症状。主要发生在果穗肩部和向阳面，果实向阳面出现似开水烫伤状，淡褐色斑，边缘不明显；果实表面先皱缩后逐渐凹陷，整个果实呈棕黑色，并有酒臭味，受害后易遭受其他病菌感染，引起果实腐烂（图 6－14）。

图 6－14　葡萄日灼症

②防治措施。最好选择地势高、耕作层深厚、土质好、肥力高、透气性好、

能排能灌的地块建设葡萄园。增施有机肥，增强树势，提高植株的抗病能力；对易发生日灼病的品种，果穗附近留几片树叶遮阳，并尽早套袋。

（10）葡萄煤点病。

①危害症状。该病不会引起果粒腐烂，但果粒长大开始变软时，果面出现散生小黑点，像蝇粪；不危害果肉，病果粒不腐烂，但绿色果面有明显黑点，黑粉消失后，果面布满菌丝，有损果粒外观；新梢发病也会出现小黑点（图 6－15）。

图 6－15　葡萄煤点病

②防治措施。在发病初期结合防治黑痘病、炭疽病等，喷施 0.5%石灰半量式波尔多液或 65%代森锌可湿性粉剂 500～600 倍液，每隔 10～15 天喷 1 次，连续喷 2～3 次，就有良好的防治效果。

（11）葡萄锈病。

①危害症状。主要存在于植株中下部叶片，叶面染病初期出现零星单个小黄点，周围水渍状，后叶片的背面形成橘黄色夏孢子堆，逐渐扩大，沿叶脉处较多；夏孢子堆成熟后破裂，散出大量橙黄色粉末状夏孢子，布满整个叶片，致叶片干枯或早落；秋末病斑变为多角形灰黑色斑点，形成冬孢子堆，表皮一般不破裂；叶柄、嫩梢或穗轴上偶见夏孢子堆（图 6－16）。

图 6－16　葡萄锈病

②防治措施。发病初期喷洒 45%晶体石硫合剂 300 倍液、25%丙环唑乳油 3 000 倍液和 12.5%烯唑醇可湿性粉剂 4 000～

5 000倍液，隔15～20天喷1次，防治1～2次。

（12）葡萄蔓枯病。

①危害症状。主要危害2年生以上枝蔓茎基部及新梢、果实；蔓基部近地表处易染病，初期病斑红褐色，略凹陷，后扩大成黑褐色大斑，秋天病蔓表皮纵裂为丝状，易折断；主蔓受害时病部以上枝蔓生长衰弱，叶色变黄并枯死；新梢受害时叶缘卷曲，新梢枯萎，叶脉、叶柄及卷须常生黑色条斑；幼果受害时生灰黑色病斑，果穗发育受阻；果实后期受害时与房枯病相似，唯黑色小点粒更为密集（图6-17）。

图6-17 葡萄蔓枯病

②防治措施。及时检查枝蔓，发现病斑后，轻者用刀刮除，重者剪掉或锯除病枝，伤口用50%三氯异氰尿酸片剂1 000倍液或45%晶体石硫合剂30倍液消毒。葡萄发芽前，使用45%的晶体石硫合剂或50%三氯异氰尿酸片剂1 000倍液喷1次。5～6月，可选用77%氢氧化铜可湿性微粒粉剂500倍液、50%琥胶肥酸铜可湿性粉剂500倍液、14%络氨铜水剂350倍液防治。

（13）葡萄穗轴褐枯病。

①危害症状。主要发生在幼穗的穗轴上，穗轴老化后不易发病，果粒较少发病；穗轴发病初期幼果穗的分枝穗轴上产生褐色的水渍状小斑点，并迅速向四周扩展，使整个分枝穗轴变褐枯死，不久失水干枯，变为黑褐色，果穗随之萎缩脱落；病部表面产生黑色霉状物；幼果粒发病时表面形成圆形、深褐色至黑色小斑点，病变仅限于果粒表皮，随着果粒膨大病斑变成疮痂状，当果粒长到中等大小时，病痂脱落，对果实发育无明显影响（图6-18）。

②防治措施。葡萄发芽前用45%的晶体石硫合剂300倍液喷1次；开花前后选用以下药剂各喷1次：75%百菌清可湿性粉剂600～800倍液或70%代森锰锌可湿性粉剂400～600倍液、40%克菌丹可湿性粉剂500倍液、50%异菌脲可湿性粉剂1 500倍液。发病初期，可用50%的多菌灵可湿性粉剂800倍液或70%的甲基硫菌灵可湿性粉剂1 000倍液，每隔10～15天喷1次，连续喷2～3次。

（14）葡萄轮纹病。

①危害症状。主要危害叶片。叶片受害初呈赤褐色、不规则病斑，后扩大为黑褐色圆形斑，表面形成深浅不同的同心轮纹；背面产生灰褐色的霉层（图6-19）。

图 6-18　葡萄穗轴褐枯病

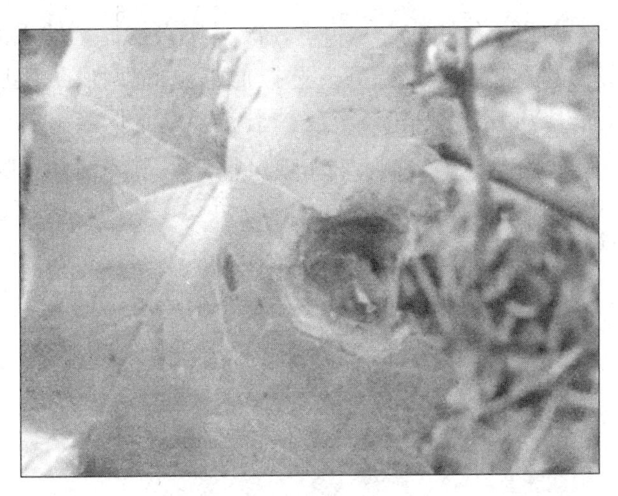

图 6-19　葡萄轮纹病

②防治措施。冬季进行修剪，将病枝及一些病残体消除，减少病菌的传播；加强果园管理，增施有机肥，合理密植，合理灌水，降低果园湿度。发病初期，可施用 50%多菌灵可湿性粉剂 800 倍液或 70%甲基硫菌灵可湿性粉剂 1 000 倍液，每隔 10～15 天喷 1 次，连续喷 2～3 次。

（15）葡萄酸腐病。

①危害症状。危害严重的果园，损失达 30%～80%，甚至绝收；套袋葡萄在果袋的下方有一片深色湿润区域，又称尿袋；在烂果穗周围常有粉红色的醋蝇，有醋酸味；在腐烂的果实内可以看到白色的小蛆；果粒腐烂后，腐烂的汁液流出，汁液经过的地方（果实、果梗、穗轴等）会造成腐烂；果粒腐烂后，果粒

干枯（图 6-20）。

图 6-20　葡萄酸腐病

②防治措施。早期防治白粉病等病害，减少病害伤口，幼果期使用安全性好的农药，避免果皮过紧或果皮伤害等。选择低毒、低残留的杀虫剂，如 10%高效氟氯氰菊酯乳油 3 000 倍液、50%辛硫磷乳油 1 000 倍液、90%灭蝇胺可湿性粉剂 3 000 倍液，要交替使用，以减少醋蝇抗性。自封穗期开始喷 77%氢氧化铜可湿性粉剂 1 000 倍液，重点喷穗部，10～15 天喷 1 次，连喷 3 次。

（16）葡萄裂果。

①危害症状。在葡萄果实接近采收期间，常有裂果发生，造成品质降低，减产甚至绝收，影响经济效益。果皮连同果肉纵向开裂，容易滋生微生物引起霉变，失去经济价值（图 6-21）。

图 6-21　葡萄裂果

②防治措施。选抗性品种；选择透水性良好的沙质土壤种植；雨后及时排水，中耕松土，通风透气，降低湿度；控施氮肥，适当增施有机肥和钾肥；加强夏季管理，通过疏枝、疏穗调节负载量。

（17）葡萄房枯病。

①危害症状。主要危害果粒、果梗及穗轴，发生严重时也能危害叶片。果梗发病时，初期在果梗基部产生淡褐色病斑，逐渐扩大后变为褐色，并且蔓延到果粒与穗轴上，使穗轴萎缩干枯；果粒发病时先以果蒂为中心形成淡褐色同心轮纹状病斑，后病斑扩展，果蒂失水皱缩，果粒腐烂变褐色，病斑表面散生黑色小点粒（分生孢子器），后果粒干缩成灰褐色僵果；病果穗挂在树蔓上可长期不落；叶片发病时先是在叶面上产生红褐色圆形小斑点，后逐渐扩大，病斑边缘呈褐色，中心灰白色，后期病斑散生黑色小点粒（图 6－22）。

图 6－22　葡萄房枯病

②防治措施。幼果期和果实膨大期喷 50％代森锰锌可湿性粉剂 500 倍液，或 80％甲基硫菌灵可湿性粉剂 1 000 倍液，10～15 天喷 1 次，连喷 2 次；7～8 月喷施 75％百菌清可湿性粉剂 600～800 倍液，或 50％胂·锌·福美双可湿性粉剂 600～800 倍液，或 80％福·福锌可湿性粉剂 600 倍液，10～15 天喷 1 次，连喷 3 次。

（18）葡萄扇叶病。

①危害症状。由变形病毒株系引起，植株矮化或生长衰弱，叶片变形，严重扭曲，叶形不对称，呈环状，皱缩，叶缘锯齿尖锐。叶片变形，有时伴随着斑驳。新梢也变形，分枝异常，双芽、节间长短不等或极短、带化或弯曲等；果穗少，穗型小，成熟期不整齐，果粒小，坐果不良。叶片在早春即表现出症状，并持续到生长季节结束。夏天症状稍退（图 6－23）。

图 6-23　葡萄扇叶病

②防治措施。加强检疫，可用茎尖培养脱毒苗木；选择无病接穗和砧木；施用充分腐熟的有机肥，合理追肥，增强植株长势；及时防治线虫。

2. 常见虫害防治

（1）葡萄透翅蛾。

①危害症状。主要危害葡萄枝蔓，幼虫蛀食新梢和老蔓，一般多从叶柄基部注入；被害处逐渐膨大，注入孔有褐色虫粪，是该虫危害的标志；幼虫注入枝蔓内后，向嫩蔓方向取食，严重时被害植株上部枝叶枯死（图 6-24）。

透翅蛾危害枝蔓

透翅蛾幼虫

透翅蛾成虫

图 6-24　葡萄透翅蛾

②防治措施。在成虫产卵和初孵幼虫危害嫩梢期，每 7～10 天喷 2.5%溴氰菊酯乳油3 000倍液或 20%氰戊菊酯乳油 3 000 倍液，连喷 3 次；发现被蛀蔓要及时剪除或深埋；如果大蔓被蛀，可用脱脂棉蘸 50%敌敌畏乳油 200 倍液塞入蛀孔，杀死幼虫。

（2）葡萄根瘤蚜。

①危害症状。危害根部和叶片，根部受害，须根部膨大，出现小米粒大小的菱形瘤状结，雨季根瘤常腐烂，影响根对养分和水分的吸收及运输；叶部受害，

叶背形成许多粒状虫瘿，树势衰弱，叶片小而黄，甚至脱落，影响产量，严重时全树死亡（图 6－25）。

图 6－25　葡萄根瘤蚜

②防治措施。首先选用抗根瘤蚜的砧木。其次加强检疫，根系带病立即进行消毒，将苗木和枝条用 50%辛硫磷乳油 1 500 倍液或 80%敌敌畏乳油 1 000～1 500倍液浸泡 1～2min，取出阴干，严重者立即就地烧毁。土壤处理，对有根瘤蚜的葡萄园或苗圃，用 50%辛硫磷 500 克拌入 50 千克细土，每亩用药 25 千克，于傍晚将毒土埋入土内。

（3）葡萄短须螨。

①危害症状。以幼虫、若虫、成虫先后危害葡萄的嫩梢、叶片、叶柄、果实、果梗等部位；嫩梢、叶柄被害后，表面产生褐色粒状凸起；叶片受害，叶片两侧呈褐色锈斑，严重时叶片失绿变黄，枯焦脱落；果梗受害由褐色变成黑色，脆而易折；果粒受害前期呈浅褐色锈斑，果粗糙硬化，生长受阻（图 6－26）。

图 6－26　葡萄短须螨

②防治措施。萌芽时喷45%晶体石硫合剂加3%洗衣粉杀死越冬成虫，生长季喷2%～3%石硫合剂或50%硫黄悬浮剂。

（4）绿盲蝽。

①危害症状。以若虫和成虫刺吸汁液并分泌毒素，嫩梢被害后生长点枯死，嫩叶初显褐色坏死斑点，以后破裂成不规则孔洞，葡萄展叶时为每年的危害高峰期。果粒被害初期布满小黑点，后期呈疮痂状，重者果实开裂（图6-27）。

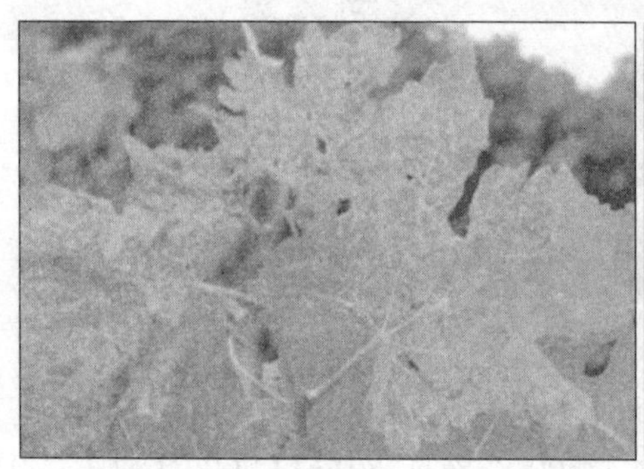

葡萄绿盲蝽危害状　　葡萄绿盲蝽成虫

图6-27　葡萄绿盲蝽

②防治措施。及时清除果园周围的杂草，消灭虫原。葡萄展叶时，如果发现若虫危害，立即喷10%高效氯氰菊酯乳油4 000～5 000倍液或3%啶虫脒乳油1 500倍液。

（5）葡萄天蛾。

①危害症状。幼虫取食叶片，食量大，常见枝梢嫩叶被食，严重的叶片几乎被吃光。葡萄天蛾卵为近圆形、直径约1.5毫米，初产为绿色、半透明状，近卵化前淡黄绿色，较坚硬。老熟幼虫体长约80毫米、绿色、圆柱形，背部两侧各有1条纵线，腹面背尾部有一锥状尾角。蛹呈长纺锤形，茶褐色。雌蛾体长45毫米左右，有一对触角，长约20毫米。体形呈纺锤形，前翅红褐色。该成虫白天潜伏夜晚出来活动，有趋光性（图6-28、图6-29）。

图6-28　葡萄天蛾（成虫）

图 6-29　葡萄天蛾（幼虫）

②防治措施。利用其成虫的趋光性，可采用黑光灯诱杀；幼虫期喷 25%敌百虫乳油 800 倍液。

（6）葡萄红蜘蛛。

①危害症状。被害果实表皮粗糙呈铁锈色，生长停止，嫩梢、叶片被害会出现黑褐色斑块，叶片、枝梢被害后干脆易断，严重时生长点萎缩，叶片干枯脱落。葡萄红蜘蛛体积小，肉眼很难辨认，雌成虫体长约 0.3 毫米，宽约 0.1 毫米，赤褐色，腹前部呈红色，中央稍呈纵向隆起，背无刚毛。足 4 对，粗而短（图6-30、图 6-31）。

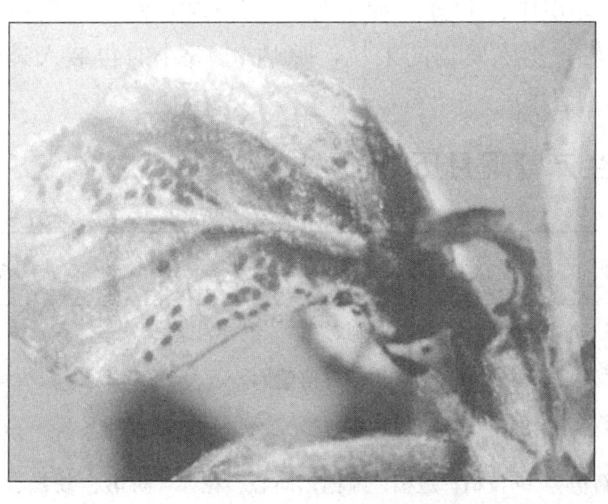

图 6-30　葡萄红蜘蛛（成虫）

图 6-31　葡萄红蜘蛛（幼虫）

②防治措施。冬剪后应清扫田园，除去病老树枝集中烧毁，消灭越冬虫源。发芽前用 30%晶体石硫合剂 300 倍液淋洗或喷雾，生长期喷 20%哒螨灵乳油 2 000倍液、8%的阿维菌素乳油 6 000 倍液、73%的炔螨特乳油 3 000 倍液。

(五) 采收贮藏

1. 采收　葡萄采收时间根据果实的硬度、色泽、风味品质来确定，以晴天上午露水干后采收最适宜，雨天和雾天不宜采收，适时分批采收。采收时，采收人员左手将穗梗拿住，右手剪断穗梗，并立刻剪除坏粒、病粒和青粒，然后按穗粒大小、整齐程度、色泽情况分级装箱。

2. 贮藏　采收后除去葡萄果穗的病、伤果粒，装入宽 30 厘米、长 10 厘米、厚 0.05 厘米的无毒塑料袋中，每袋装 2～2.5 千克，扎严袋口，轻轻放在底部垫有碎纸或泡沫塑料的硬纸箱或浅篓中，每箱只摆一层装满葡萄的小袋；然后将木箱贮藏在 0～5℃环境中；贮藏过程中如发现袋内有发霉的果粒，立即打开包装袋，提起葡萄穗轴，剪除发霉的果粒，晾晒 2～3 小时再装入袋中，用此方法贮藏葡萄可以保鲜到春节。

附　葡萄生产管理月历

时间	物候期	栽培措施	病虫害防治
1～2 月	休眠期	防冻；备袋；设施育苗	
3 月	休眠期	物资准备；修架；育苗建园	
4 月	萌芽期	出土；上架；抹芽	
5 月	开花期，新梢速长期	绑枝梢；定梢；疏穗；摘心；花期喷肥	防治白粉病、白腐病和霜霉病、黑痘病、穗轴病、灰霉病、绿盲蝽

（续）

时间	物候期	栽培措施	病虫害防治
6月	果实膨大期	清理架面；套袋；肥水	防治白腐病、炭疽病、褐斑病，霜霉病、绿盲蝽
7月	果实膨大着色期	摘心、疏枝；施肥水；去袋	防治褐斑病、霜霉病、白腐病
8月	果实着色期，成熟期	去老叶；合理控水；采收、分级、包装	防治炭疽病、霜霉病、叶斑病、绿盲蝽
9月	果实成熟期	去袋覆膜；防治鸟害；适期采收、	防治霜霉病、叶斑病
10月	采果后	施肥；浇水；保叶	
11月	休眠期	修剪；备育苗条；清理园地；防寒	
12月	休眠期	冬季修剪	

参考文献

卜庆雁，周晏起，2014. 图说葡萄栽培关键技术［M］. 北京：化学工业出版社.
晁无疾，张立功，赵雅梅，2013. 葡萄优质安全栽培技术（彩图版）［M］. 北京：中国农业出版社.
车艳芳，曹花平，2014. 葡萄高效栽培技术［M］. 石家庄：河北科学技术出版社.
陈敬谊，2016. 桃优质丰产栽培实用技术［M］. 北京：化学工业出版社.
陈清西，伍洋，2011. 水蜜桃无公害栽培技术［M］. 福州：福建科学技术出版社.
陈益忠，范光南，2008. 柑桔"四个一"无公害栽培配套技术［J］. 中国南方果树，37（5）：14-15.
郭继英，2012. 图解桃树整形修剪［M］. 北京：中国农业出版社.
郭秀珠，求盈盈，黄品湖，等，2009. 不同施肥方法对杨梅品质的影响［J］. 浙江农业学报，21（04）：358-361.
黄颖宏，邱学林，俞文生，2012. 苏州杨梅种质资源现状及利用前景［J］. 现代园艺，（03）：20.
黄颖宏，俞文生，郭志海，等，2013. 杨梅新品种'紫晶'［J］. 园艺学报，40（04）：791-792.
黄颖宏，周坤杰，2009. 提高杨梅果实品质几项栽培措施［J］. 现代园艺（01）：12.
江苏省地方志编纂委员会，2003. 江苏省志·园艺志［M］. 南京：江苏古籍出版社.
蒋来清，2012. 苏州农业志［M］. 苏州：苏州大学出版社.
雷家军，张运涛，赵密珍，2011. 中国草莓［M］. 沈阳：辽宁科学技术出版社.
李兴军，吕均良，李三玉，1999. 中国杨梅研究进展［J］. 四川农业大学学报（02）：224-229.
梁森苗，戚行江，郑锡良，等，2005. 杨梅生理生态的适应性［J］. 浙江农业科学（04）：329-331.
梁森苗，任海英，郑锡良，等，2017. 浙江杨梅病虫害种类及其为害部位［J］. 中国南方果树，46（05）：28-30.
梁森苗，王勤红，倪国富，等，2012. 杨梅园自然生草对土壤肥力及果实品质的影响［J］. 浙江农业学报，24（05）：821-825.
林亚萍，张璐，黄奔立，等，2017. 江苏省草莓不同生育期主要病害种类调查研究［J］. 上海农业科技，6：119-120.

刘薇薇，雷志强，董丹，等，2014. 南方地区葡萄避雨栽培病虫害防控技术［J］. 中外葡萄与葡萄酒（3）：39-46.
陆爱华，周军，2016. 草莓优质高效栽培技术［M］. 南京：江苏凤凰科学技术出版社.
农业部农民科技教育培训中心，中央广播电视学校，2008. 南方葡萄避雨栽培技术［M］. 北京：中国农业大学出版社.
戚行江，梁森苗，郑锡良，等，2006. 大枝修剪矮化杨梅树体技术研究［J］. 浙江农业学报（06）：417-420.
邱武陵，章恢志，1996. 中国果树志：龙眼·枇杷卷［M］. 北京：中国林业出版社.
任伊森，陈道茂，陈卫民，1989. 柑橘病虫害防治实用手册［M］. 上海：上海科学技术出版社.
王化坤，袁卫明，陈绍彬，等，2009. 苏州市枇杷产业现状与发展对策［J］. 中国果业信息，08：28-29.
王景宏，杨智青，丁海荣，等，2008. 江苏沿海地区鲜食葡萄避雨栽培关键技术［J］. 江苏农业科学，6：160-162.
王忠跃，2009. 中国葡萄病虫害与综合防控技术［M］. 北京：中国农业出版社.
吴瑞斌，陈秋华，2010. 穆阳水蜜桃高产优质栽培技术［J］. 福建农业科技，12（5）：18-20.
夏声广，2012. 图说桃树病虫害防治关键技术［M］. 北京：中国农业出版社.
徐春明，黄颖宏，2004. 江苏省白沙枇杷发展现状与对策［J］. 柑桔与亚热带果树信息，03：3-4.
徐志刚，施敏益，2011. 水蜜桃几种病害的防治方法［J］. 上海农业科技，5（1）：32-33.
尹欣幸，宋瑞琴，金龙飞，等，2016. 温州蜜柑交替结果关键技术［J］. 中国南方果树，45（1）：109-112.
于红梅，赵密珍，袁华招，等，2017. 江苏省草莓生产现状调查及经济效益分析［J］. 江苏农业科学，24（45）345-347.
袁卫明，王化坤，张凯，2013. 苏州市沿江地区白沙枇杷大棚栽培技术［J］. 现代农业科技，23：119-120.
张丽琴，2015. 水蜜桃主要病虫害防治技术［J］. 农业与技术，12（4）：22-24.
张旭晖，杨建全，王俊，等，2015. 江苏枇杷冻害发生规律及风险区划［J］. 江苏农业科学，43（8）：157-160.
章锦杨，2008. 水蜜桃高产栽培技术［J］. 现代农业，6（4）：4-5.
赵密珍，钱亚明，王静，2010. 草莓优质品种及配套栽培技术［M］. 北京：中国农业出版社.
赵密珍，王静，王壮伟，等，2012. 世界草莓产业发展现状及江浙沪草莓产业可持续发展对策［J］. 江苏农业科学，40（2）：1-3.
周开隆，叶荫民，2005. 中国果树志：柑橘卷［M］. 北京：中国林业出版社.

图书在版编目（CIP）数据

江苏特色果树高效栽培技术/王化坤主编．—北京：中国农业出版社，2018.10

江苏省新型职业农民培训教材

ISBN 978-7-109-24456-6

Ⅰ．①江…　Ⅱ．①王…　Ⅲ．①果树园艺－职业培训－教材　Ⅳ．①S66

中国版本图书馆 CIP 数据核字（2018）第 180884 号

中国农业出版社出版

（北京市朝阳区麦子店街 18 号楼）

（邮政编码 100125）

责任编辑　张　欣

文字编辑　谢志新

北京中兴印刷有限公司印刷　新华书店北京发行所发行

2018 年 10 月第 1 版　2018 年 10 月北京第 1 次印刷

开本：720mm×960mm 1/16　印张：8.75　插页：6

字数：146 千字

定价：24.00 元